Deutscher Verein von Gas- und Wasserfachmännern e. V.

Technische
Vorschriften und Richtlinien

für die Einrichtung von
Niederdruckgasanlagen
in Gebäuden und Grundstücken

DVGW – TVR Gas 1938

München und Berlin 1938
Verlag von R. Oldenbourg

im Deutschen Reich zugelassenen selbständigen Gaseinrichtern schriftlich an die Gaswerke abgegeben werden.

Das einzelne Gaswerk kann für sein Versorgungsgebiet weitere Vorschriften und Richtlinien herausgeben und von den selbständigen Gaseinrichtern anerkennen lassen, jedoch darf kein Widerspruch zu den DVGW—TVR 1934 entstehen.

Bei gerichtlichen Austragungen zivilrechtlicher oder strafrechtlicher Art werden die DVGW—TVR 1934, die den derzeitigen Zustand der anerkannten Regeln der Gastechnik darstellen, für Sachverständige und für Richter die Grundlage bilden.

Berlin, den 7. April 1934.

Der Vorstand

Hartmann. Müller.

Vorwort zur 2. Auflage.

Die DVGW—TVR 1934 haben sich in ihrem fast 4jährigen Bestehen durchaus bewährt. Rund 32 000 Stück wurden abgesetzt, davon allein rd. 3500 für die beiden Fernunterrichtskurse, die der Deliwa-Verein durchgeführt hat.

Absichtlich und bewußt ist, obwohl schon im Jahre 1935 der Wunsch nach einigen Änderungen laut wurde, die Neubearbeitung fast 3 Jahre verzögert worden. Zwar steht der Fortschritt niemals still und das, was heute als richtig angesehen wird, kann im nächsten Jahre bereits überholt sein; doch soll man technische Vorschriften nicht zu oft ändern, um nicht eine Beunruhigung in die davon betroffenen Kreise hineinzutragen.

Für die Neufassung der DVGW—TVR Gas 1938 waren zwei Gesichtspunkte maßgebend:

1. Vorschriften und Richtlinien müssen so gefaßt sein, daß sie den technischen Fortschritt nicht hemmen (vgl. z. B. heimische Austauschstoffe),

2. die Vorschriften sind von allen Gaseinrichtern, sowohl den selbständigen als auch denen des Gaswerks, gleichmäßig zu befolgen. Deshalb mußte die bisher in den Vorschriften bestehende Unterteilung in Arbeiten des Gaswerkes und solche der selbständigen Einrichter wegfallen; sie gehören nicht in technische Vorschriften, sondern in die »Richtlinien für die Zusammenarbeit zwischen Gaswerken und selbständigen Gaseinrichtern — ZGG 1938«.

Die DVGW—TVR Gas 1938 gelten für alle Anlagen, die nach dem 1. 8. 1938 fertiggestellt werden. Von diesem Zeitpunkt ab werden also auch die von den Gaswerken örtlich, provinzenweise oder länderweise abgeschlossenen »Richtlinien für die Zusammenarbeit zwischen Gaswerken und selbständigen Gaseinrichtern — DVGW—ZGG 1934« hinfällig; sie sind nach den gleichzeitig mit den DVGW—TVR Gas 1938 herausgegebenen »Richtlinien für die Zusammenarbeit zwischen Gaswerken und selbständigen Gaseinrichtern — ZGG 1938« durch neue Vereinbarungen zu ersetzen.

Die bisher gesondert für sich herausgegebenen »Ergänzungen für Flüssiggas« sind diesmal den DVGW—TVR Gas 1938 beigefügt.

Als Anhang zu den DVGW—TVR Gas 1938 sind eine Übersicht über die zur Zeit bestehenden Normen, soweit sie die Gaseinrichtung betreffen, behördliche u. ä. Bestimmungen, ein Auszug aus den Unfallverhütungsvorschriften der Berufsgenossenschaft der deutschen Gas- und Wasserwerke, soweit sie auf die Ausführung von Gasanlagen Bezug haben, und ein Auszug aus den »Richtlinien für die Zusammenarbeit von Gaswerken und Schornsteinfegern auf dem Gebiete der Abführung der Abgase von Gas-Feuerstätten«, die im Jahre 1933 zwischen dem DVGW und dem ZIV abgeschlossen sind, gebracht.

Allen denen, die durch ihre tatkräftige Mitarbeit oder durch Bekanntgabe ihrer Erfahrungen an der Fertigstellung dieses Werkes mitgewirkt haben, sei an dieser Stelle der Dank des deutschen Gasfaches ausgesprochen.

Berlin, am 18. Mai 1938.

Dr. Hoffmann.
Vorstand.

Inhaltsverzeichnis.

Einleitung.

Geltungsbeginn: Die vorliegende Arbeit

**Technische Vorschriften und Richtlinien
für die Einrichtung von Niederdruckgasanlagen
in Gebäuden und Grundstücken
DVGW—TVR Gas 1938**

gilt für alle Anlagen, die nach dem 1. August 1938 errichtet werden.

Außer Kraft treten dadurch gleichzeitig die DVGW—TVR 1934.

Anwendungsumfang: Die DVGW—TVR Gas 1938 sind auf alle mit Niederdruckgas, d. h. mit einem Druck bis zu 500 mm WS versorgten Einrichtungen von der Versorgungsleitung ab bis zur Abgasausmündung anzuwenden.

Wesen der »Vorschriften und *Richtlinien*«.

Vorschriften: Sie sind Bestimmungen nach dem letzten Stand der Technik zur Vermeidung von möglichen Unfällen und Schäden. Ihre Wirkungskraft ist verschieden.

Mußvorschriften und Verbote sind unter allen Umständen einzuhalten; ihnen kommen Bestimmungen wie »ist einzuführen«, »hat zu geschehen« oder »darf nicht« u. ä. gleich.

Sollvorschriften sind in der Regel einzuhalten. Nur wenn ihrer Durchführung Schwierigkeiten entgegenstehen, deren Überwindung nicht in der Macht des Ausführenden liegt oder im Verhältnis zu dem zu erreichenden Erfolge wirtschaftlich nicht tragbar ist, darf unter weitest gehender Beachtung des Sinnes der Vorschriften von ihnen abgewichen werden.

Kannvorschriften lassen die Auswahl unter mehreren dem augenblicklichen Stand der Technik entsprechenden Lösungen zu.

Richtlinien (durch Schrägdruck gekennzeichnet) sind

1. Anweisungen, die sich nicht in die Form von Vorschriften bringen lassen, aber berücksichtigt werden sollen;

2. Empfehlungen, die sich zur Zeit noch nicht in die Form von Vorschriften bringen lassen, aber schon berücksichtigt werden sollen; sie sind die Vorstufe zu Vorschriften.

Begriffe.

I. Druck.

A. Ruhedruck: Druck des nicht strömenden Gases (bei geschlossenen Hähnen), gemessen in mm WS.

    B. Fließdruck: Druck des strömenden (fließenden) Gases, gemessen in mm WS.
1. Anschlußdruck: Fließdruck am Gasanschluß des Gerätes oder der Feuerstätte.
2. Brennerdruck: Fließdruck am Brenner.

II. Gas und Heizwert.
  A. Stadtgas: das aus den Versorgungsnetzen abgegebene Gas[1]).
  B. Heizwert:
    1. Oberer Heizwert (H_o in kcal/m³): die bei der Verbrennung von 1 m³ Gas entstehende Wärmemenge, wenn die Verbrennungserzeugnisse auf die Ausgangstemperatur abgekühlt werden und das gebildete Verbrennungswasser in flüssiger Form abgeschieden wird.
    2. Unterer Heizwert (H_u in kcal/m³): die bei der Verbrennung von 1 m³ Gas entstehende Wärmemenge, wenn die Verbrennungserzeugnisse auf die Ausgangstemperatur abgekühlt werden und das gebildete Verbrennungswasser dampfförmig bleibt oder als dampfförmig angenommen wird.

III. Belastung und Leistung.
  A. Belastung: die im Gas dem Gerät (Feuerstätte) in der Minute bzw. Stunde zugeführte Wärmemenge (kcal/min bzw. kcal/h), bezogen auf den unteren Heizwert.
  B. Nennbelastung: die Belastung, auf die das Gerät (Feuerstätte) eingestellt werden soll.
  C. Leistung: die vom Gerät (Feuerstätte) für den Gebrauchszweck nutzbar abgegebene Wärmemenge (kcal/min bzw. kcal/h).
  D. Nennleistung: die bei der Nennbelastung vom Gerät (Feuerstätte) für den Gebrauchszweck nutzbar abgegebene Wärmemenge (kcal/min bzw. kcal/h).
  E. Anschlußwert: der stündliche Gasverbrauch des Gerätes (Feuerstätte) bei Nennbelastung unter Einsetzen eines unteren Heizwertes von 3600 kcal/m³ (einem oberen Heizwert von 4300 kcal/m³ bei 0°, 760 mm QS, tr., entspricht ein unterer Heizwert von 3600 kcal/m³ bei 15°, 760 mm QS, feucht), gemessen in m³/h.
  F. Einstellwert: der minutliche Gasverbrauch des Gerätes (Feuerstätte) bei Nennbelastung unter Einsetzen des unteren Heizwertes am Verwendungsort, wie er vom Gaswerk für sein Versorgungsgebiet angegeben wird, gemessen in l/min.

[1]) Zumeist ein Gemisch aus Steinkohlengas und Wassergas. Das Stadtgas im Sinne der Richtlinien des DVGW hat einen oberen Heizwert von 4000 bis 4300 kcal/Nm³, ein Dichteverhältnis von nicht mehr als 0,5 (Luft = 1) und einen Gehalt an nicht brennbaren Bestandteilen (Inerten) von nicht mehr als 12%.

IV. Häusliche Gasgeräte und Gasfeuerstätten.

A. Gerät und Feuerstätte: Diese Begriffe unterscheiden sich nur hinsichtlich der Abgasfortschaffung.

Unter »Gasgerät« im Sinne der TVR wird eine Einrichtung verstanden zur Nutzbarmachung der durch die Verbrennung des Gases entstehenden Wärme (sei es zur Erzeugung von Licht oder zur Speisebereitung, zur Wassererwärmung, zur Kühlung usw.). Der natürliche oder künstliche Luftwechsel im Aufstellungsraum des Gerätes verdünnt die Verbrennungserzeugnisse (Abgase) und schafft sie fort. Das »Gerät« wird zur »Feuerstätte«, sobald die bei der Verbrennung entstehenden Abgase durch die Abgasanlage (s. V. A.) aus der Feuerstätte ins Freie abgeführt werden, also durch den Anschluß an den Schornstein oder, in seltenen Ausnahmefällen, durch die Abführung der Abgase durch die Wand ins Freie.

Für die Aufstellung von Feuerstätten bestehen behördliche Vorschriften, die zu beachten sind, für Geräte nicht.

Zu den Geräten gehören also z. B.:

Kühlschränke, Kocher, Bratöfen, Herde . . . . (Ziffer 47, 1)
Waschgeräte, sofern sie nicht an den Schornstein angeschlossen werden müssen . . . . (» 48, 1)
Bügelgeräte, sofern sie nicht an den Schornstein angeschlossen werden müssen . . . . (» 48, 1)
Klein-Wasserheizer, sofern sie nicht an den Schornstein angeschlossen werden müssen . . . . (» 50, 1)

Zu den Feuerstätten gehören z. B.:

Waschkessel . . . . (Ziffer 48, 2)
Wäschetrockenschränke . . . . (» 49)
Gas-Wasserheizer . . . . (» 50, 3)
Gas-Raumheizer . . . . (» 51)

B. Gas-Wasserheizer werden unterschieden in:

1. Durchlauf-Wasserheizer:

Das Wasser wird ausschließlich während des Durchlaufens erwärmt.

a) Klein-Wasserheizer — selbsttätige und nicht selbsttätige — mit einer Belastung bis zu 150 kcal/min.

b) Wasserheizer mit einer Leistung von 250 kcal/min an (Belastung von 290 kcal/min an).

1. Badeofen mit nur einem Auslaß; durch einen Umstellhahn kann das Wasser entweder zum Schwenkarm oder zur Brause geleitet werden.

2. Selbsttätiger Wasserheizer: durch Öffnen einer beliebigen Zapfstelle hinter dem Wasserheizer wird die Gaszufuhr zum Brenner selbsttätig freigegeben.

2. Vorrats-Wasserheizer: Das Wasser wird im Vorrat aufgeheizt und nach Bedarf entnommen: Speicher.

C. Gas-Raumheizer werden gebaut für:

1. Einzelheizung: Heizöfen werden unterschieden in:

a) Heizöfen mit offenem Verbrennungsraum: die Verbrennungsluft wird dem Aufstellungsraum entnommen; der Verbrennungsraum ist nicht irgendwie gegen den Aufstellungsraum abgeteilt.

b) Heizöfen mit geschütztem Verbrennungsraum: die Verbrennungsluft wird dem Aufstellungsraum entnommen; der Verbrennungsraum ist durch ein (abnehmbares) Gitter od. dergl. gegen den Verbrennungsraum abgeteilt, oder der Verbrennungsraum ist so ausgebildet, daß nur ein Luftzutritt von unten her erfolgen kann (Schutz gegen zufälliges Berühren der Flammen).

c) Heizöfen mit geschlossenem Verbrennungsraum: der Ofen ist so gebaut, daß die Verbrennungsluft durch einen Zuluftstutzen von außen zugeführt werden kann; der Verbrennungsraum ist im übrigen gegen den Aufstellungsraum vollkommen abgedichtet.

2. Zentralheizung:
a) Warmwasserkessel,
b) Dampfkessel.

3. Luftheizung: Gas-Luftheizer.

V. Abgasabführung.

A. Abgasanlage: der Abgasweg vom Abgasstutzen der Feuerstätte bis zur Abgasausmündung.

1. Abgasstutzen: Rohrstutzen an der Feuerstätte zum Anschluß der Abgasleitung.

2. Abgasleitung: Verbindungsleitung von der Feuerstätte zum Schornstein.

Anlaufstrecke: senkrechter Teil der Abgasleitung, in dem durch die heißen Abgase ein Auftrieb für eine nach oben gerichtete Strömung entsteht, so daß zusätzliche Widerstände überwunden werden können. (Vorgeschaltete/ nachgeschaltete Anlaufstrecke.)

3. Schornstein: jede aufwärtsführende bauliche Einrichtung für die Abführung der Verbrennungserzeugnisse einer oder mehrerer Feuerstätten ins Freie.

Der Schornstein ist nicht nur die zumeist aus Ziegelsteinen hochgeführte, sondern auch jede andere, aufwärtsführende bauliche Einrichtung aus anderen zugelassenen Baustoffen für die Abführung der Verbrennungserzeugnisse über Dach ins Freie.

Schornsteine, die ausschließlich zur Abführung der Abgase von Gasfeuerstätten dienen, werden als Abgasschornsteine bezeichnet.

Schornsteine, die sowohl der Abführung der Rauchgase von Kohlenfeuerstätten als auch der Abführung der Abgase von Gasfeuerstätten dienen, werden als gemischt belegte Schornsteine bezeichnet.

Eine Abgasanlage für die Abführung der Abgase durch die Wand ins Freie enthält in diesem Sinne keinen Schornstein/Abgasschornstein (s. Ziffer 64).

4. Abgassauger: Einrichtung zur mechanischen Absaugung der Abgase (s. Ziffer 65a).

B. Sicherung der einwandfreien Verbrennung und der Strömung in der Feuerstätte

1. durch Einrichtungen in der Feuerstätte (Abgasleitung):

Strömungssicherung: Einrichtung in der Feuerstätte (Abgasleitung), durch die die Strömung in der Feuerstätte unabhängig von der Strömung in der Abgasanlage gemacht wird.

Die Strömungssicherung hat folgende 3 Aufgaben zu erfüllen:

a) Als Zugunterbrecher hat sie bei zunehmender Saugung im Schornstein den Zutritt von Luft zu ermöglichen, so daß keine überschüssige Luft zu den Flammen hinzutritt und sie abkühlt.

b) Als Stausicherung hat sie bei (Teil- oder Voll-)Stau im Schornstein den Austritt der Abgase zu ermöglichen, so daß Verbrennung und Strömung in der Feuerstätte nicht wesentlich beeinflußt werden.

c) Als Rückstromsicherung hat sie bei Rückstrom im Schornstein den Austritt einmal der aus der Feuerstätte aufsteigenden Abgase, zum anderen der durch den Schornstein rückströmenden (Abgase und) Außenluft zu ermöglichen, so daß Verbrennung und Strömung in der Feuerstätte nicht wesentlich beeinflußt werden.

2. durch Einrichtungen an der Schornsteinausmündung:

Windschutz: Schornsteinaufsatz, der die störenden Einflüsse des Windes auf die Strömung im Schornstein weitest gehend verhindern soll.

I. Leitungsanlagen.

A. Umfang der Leitungsanlagen.

Ziffer 1   1. Die Leitungsanlagen umfassen (s. Leitungsschema Abb. 1 und Sinnbilder dafür Abb. 2):

Zuleitung
    Hauptabsperrvorrichtung (und Hausdruck-   } Hausanschluß.
      regler)

Verteilungsleitung
Steigleitung
Gaszähleranschlußleitung
    Gaszählerhahn (und Wohnungsdruckregler)
    Gaszähler   } Innenleitungen.
Hauptleitung |
Abzweigleitung } Verbrauchsleitung
Anschlußleitung |
    Anschlußhahn

Hofleitung

2. Als Hofleitungen gelten alle Leitungen, die innerhalb eines Anwesens von einem Gebäude über einen Hof durch Erdreich in ein anderes Gebäude führen. Vorschriften, die für Erdleitungen erlassen sind, beziehen sich auf Zu- und Hofleitungen.

B. Rohre und Zubehör.

a) Baustoffe.

Ziffer 2   1. Erdleitungen sollen in der Regel bis zu 100 mm Nennweite aus [s. Anhang] Stahlrohren hergestellt werden; im übrigen können gußeiserne Rohre (nach DIN 2432 oder Schleudergußrohre) verwendet werden.

2. Innenleitungen sind in der Regel aus Stahlrohr herzustellen, die in Wandstärke und Festigkeit den Forderungen des Normblattes DIN 2440 (Gasrohr) entsprechen; um die Herstellung eines einwandfreien Gewindes zu sichern, müssen die Rohre außen kreisrund sein.

3. *Dünnwandiges, nahtlos gezogenes Präzisionsstahlrohr nach DIN* [s. Anhang] *2385 mit erhöhtem Korrosionswiderstand kann für aufliegende und freiliegende Innenleitungen (s. Abb. 3) bis zu 20 mm Nennweite verwendet werden.*

4. *Rohre aus Kupfer (Zugfestigkeit mindestens 25 kg/mm², Bruch-* [s. Anhang] *dehnung mindestens 25%) und aus Aluminium sowie aus neuen Austauschstoffen können verwendet werden, wenn dauernde Dichtheit gewährleistet ist und sie nicht durch mechanische Beanspru-*

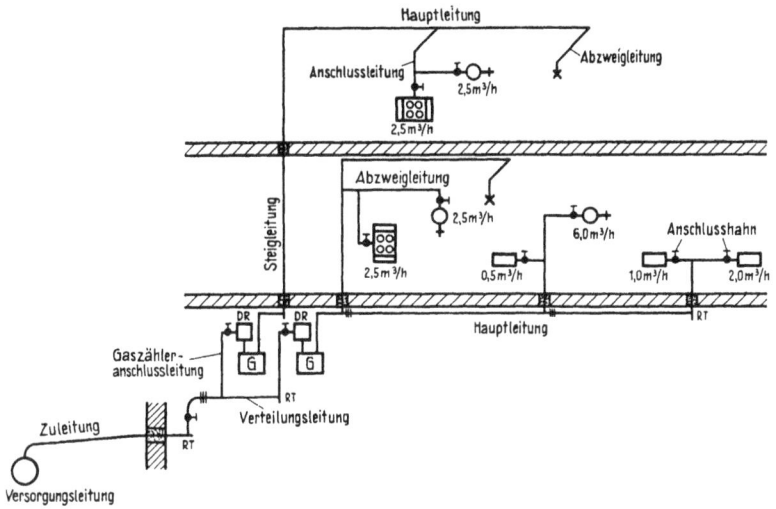

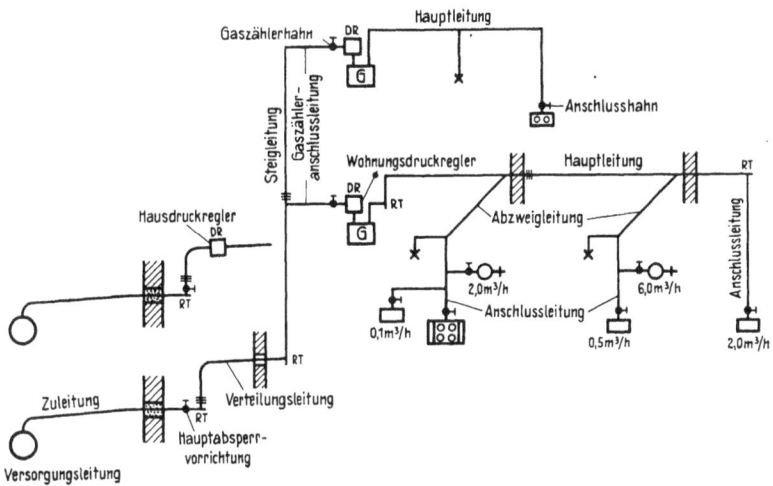

Abb. 1. Leitungsschema (nicht Ausführungsanweisung).

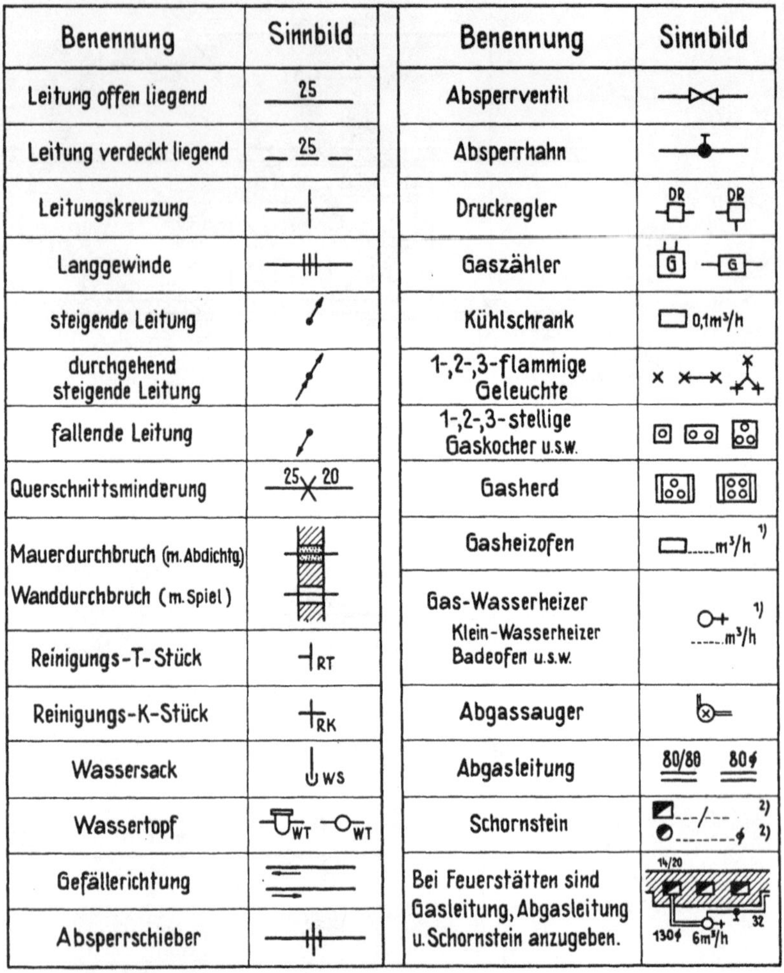

Benennung	Sinnbild	Benennung	Sinnbild
Leitung offen liegend	$\underline{25}$	Absperrventil	—▷◁—
Leitung verdeckt liegend	$\_\underline{25}\_$	Absperrhahn	—●—
Leitungskreuzung	—│—	Druckregler	DR DR
Langgewinde	—‡‡‡—	Gaszähler	G ⊡-G
steigende Leitung	⟋	Kühlschrank	☐0,1m³/h
durchgehend steigende Leitung	⟋	1-,2-,3-flammige Geleuchte	× ×—× 人
fallende Leitung	⟋	1-,2-,3-stellige Gaskocher u.s.w.	⊡ ⊡⊡ ⊡⊡
Querschnittsminderung	$\overset{25}{\diagdown}\overset{20}{}$	Gasherd	[⊡⊡] [⊡⊡]
Mauerdurchbruch (m.Abdichtg) Wanddurchbruch (m.Spiel)	▨▨	Gasheizofen	☐....m³/h [1]
Reinigungs-T-Stück	┤RT	Gas-Wasserheizer Klein-Wasserheizer Badeofen u.s.w.	○⊢ [1] ....m³/h
Reinigungs-K-Stück	┬RK	Abgassauger	⊳⊗—
Wassersack	↓WS	Abgasleitung	$\underline{80/88}$ $\underline{80ϕ}$
Wassertopf	⊽WT ⊶WT	Schornstein	◣---/--- [2] ●-----ϕ [2]
Gefällerichtung	⇉	Bei Feuerstätten sind Gasleitung, Abgasleitung u. Schornstein anzugeben.	14/20 ... 130ϕ 6m³/h
Absperrschieber	—╫—		

1) Anschlusswert der Feuerstätte in m³/h einsetzen.
2) Abmessungen in cm einsetzen.

Einheitliche Farben für Leitungspläne:
Gasleitungen: orange
Wasserleitungen: hellblau

Abb. 2.   Sinnbilder für Gaseinrichtungen.

chungen und chemische Angriffe gefährdet sind; auf die Befestigung
und Verbindung dieser Rohre ist besondere Sorgfalt zu verwenden
(vgl. Ziffer 13 und 14).

5. Verbindungsstücke sollen aus nachgenannten Baustoffen bestehen:

bei Stahlrohren	aus Stahl oder schmiedbarem Guß,
bei Kupferrohren	aus Messing,
bei Aluminiumrohren	aus Messing, Aluminium oder nicht rosten-
	den Baustoffen.

b) Rohrschutz.

1. Für die Anwendung von Rohrschutzmitteln sind Baustoffe und *Ziffer 3*
Einbauverhältnisse maßgebend.

2. Bei Erdleitungen müssen Rohre und Verbindungsstücke eine
erprobte Schutzschicht erhalten, die für Stahlrohre durch eine Faserstoff-
einlage zu verstärken ist. Falls der Erdboden schädliche Bestandteile enthält, sind die Leitungen in eine Sandschicht von allseitig 20 cm Dicke zu
betten, Humus und Schlacken sind unter allen Umständen zu beseitigen.

3. Werden Innenleitungen durch Wände oder Decken geführt, deren
Baustoff bei Hinzutritt von Feuchtigkeit zerstörend auf Rohre und Verbindungsstücke wirkt, z. B. säurehaltiger Estrich, Steinholz oder Schlacken,
so sind die Leitungen mit einer zuverlässigen Schutzschicht zu versehen;
als geeigneter Schutz kann auch die Verlegung in einem Futterrohr, bei
Deckendurchbrüchen mit Abdichtung, angesehen werden.

4. In feuchten Räumen, z. B. Waschküchen oder Kellerräumen,
sind die Leitungen freiliegend (Abb. 3) zu verlegen; die Rohre müssen
einen erprobten Anstrich erhalten.

c) Rohrweiten.

1. Bei der Bestimmung der Rohrweiten ist von dem Gasgerät *Ziffer 4*
(Gasfeuerstätte) auszugehen, das die größte Entfernung vom Gaszähler
hat; jede Strecke, die näher am Hausanschluß ist, muß mindestens die
Weite der vorher bestimmten haben.

2. Die Weite der Anschlußleitung einschließlich Anschlußhahn
darf folgende Nennweiten nicht unterschreiten, muß aber mindestens der
Weite des angeschlossenen Gerätes (Feuerstätte) entsprechen:

für Kühlschrank	10 mm
» Kocher	15 »
» Bratofen . . . ;	15 »
» Herd	20 »
» kleinen Heizofen	15 »
» andere Heizöfen	20 »
» Klein-Wasserheizer	15 »
» Badeofen und selbsttätige Gaswasserheizer	25 »

3. Für die Bestimmung der Rohrweiten sind für die nachstehenden
Geräte und Feuerstätten in der Regel folgende Anschlußwerte einzusetzen:

2

für Kühlschrank . . . . 0,1 m³/h
 » Innengeleuchte je Brenner 0,1   »
 » Kocher je Brenner 0,5   »
 » Bratofen 0,75   »
 » Herd 2,5   »
 » Schlauchanschluß 2,5   »
 » kleinen Heizofen 1,0   »
 » mittleren Heizofen (über 1,0 m³/h) 2,5   »
 » großen Heizofen (über 2,5 m³/h) 5,0   »
 » Klein-Wasserheizer 2,5   »
 » Badeofen 6,0   »
 » selbsttätige Gaswasserheizer 6,0   »
                             oder 7,5   »
                             oder 9,0   »

für andere Geräte und Feuerstätten ist der Anschlußwert anderweitig
festzustellen.

Tafel 1.
Weiten der Hof- und Innenleitungen,
ausschließlich der Steigleitungen.
Zulässiger Gasdurchgang in m³/h

Strecken- länge in m	Nennweite der Rohrleitung in mm									
	10	15	20	25	32	40	50	70	80	100
	(Nennweite der Rohrleitung in Zoll)									
	(³/₈)	(¹/₄)	(³/₄)	(1)	(1¹/₄)	(1¹/₂)	(2)	(2¹/₂)	(3)	(4)
2	1,4	2,4	5,6	10,0	20,0	32,5	74	143	220	430
3	1,1	2,0	4,7	8,6	16,0	26,5	60	117	180	350
4	0,9	1,7	4,1	7,6	13,7	23,0	52	101	155	300
5	0,7	1,5	3,7	6,9	12,4	20,5	47	91	140	275
7	0,6	1,3	3,1	5,8	10,4	17,4	40	77	120	230
10	0,4	1,0	2,6	4,8	8,7	14,5	33	64	100	195
12	0,4	0,9	2,3	4,4	8,1	13,5	30	59	90	180
15	0,3	0,7	2,0	3,8	7,1	11,9	27	52	80	160
20	0,2	0,5	1,6	3,1	6,2	10,3	23	45	70	137
25	0,2	0,4	1,3	2,7	5,4	9,2	21	41	62	123
30	0,1	0,4	1,1	2,4	5,0	8,4	19	37	57	112
35	0,1	0,3	1,0	2,2	4,6	7,8	18	34	52	104
40	0,1	0,3	0,8	2,0	4,3	7,3	17	32	49	97
50		0,2	0,7	1,9	3,8	6 5	15	29	44	87
60		0,2	0,6	1,7	3,6	5,9	14	26	40	80
70			0,5	1,6	3,3	5,5	13	24	37	73
80					3,1	5,1	12	23	35	69
90							11	21	33	65
100							10	20	31	61

Tafel 2. Weiten der Steigleitungen

a) bei Aufstellung der Gaszähler in den Stockwerken

Anzahl der Stockwerke einschl. Erdgeschoß	Nennweite in mm																			
	mit 1 Wohnung je Stockwerk										mit 2 Wohnungen je Stockwerk bei gemeinsamer Steigleitung									
	ohne Bad					mit Bad					ohne Bad					mit Bad				
Spalte	1	2	3	4	5	6	7	8	9	10	11	12	13	14	15	16	17	18	19	20
Spalte	1	2	3	4	5	1	2	3	4	5	1	2	3	4	5	1	2	3	4	5
3. Stock bis 4. Stock					25					32					25					40
2. Stock bis 3. Stock				25	25				32	40				25	32				40	50
1. Stock bis 2. Stock			25	25	32			32	40	40			25	32	40			40	50	50
Erdgesch. bis 1. Stock		25	25	32	32		32	40	40	50		25	32	40	40		40	50	50	70
Keller bis Erdgesch.	25	25	32	32	40	32	40	40	50	50	25	32	40	40	50	40	50	50	70	70

b) bei Aufstellung der Gaszähler im Keller

	Nennweite in mm	
	für Küche mit Klein-Wasserheizer oder nur für Bad	für Küche und Bad
Keller bis zur jeweiligen Hauptleitung	25	32

2*

4. Abzweigleitungen und Hauptleitungen und Gaszähleranschlußleitungen werden nach Tafel 1 bestimmt, die für einen Fließdruck von 40 mm WS hinter dem Gaszähler gilt; auch Verteilungsleitungen, Zu- und Hofleitungen können nach ihr bestimmt werden.

5. Sind die in Betracht kommenden Streckenlängen und Anschlußwerte in Tafel 1 nicht enthalten, so ist die Nennweite für die nächstfolgenden höheren Werte zu nehmen.

6. *Bei der Bestimmung der Weiten der Verteilungsleitungen nach Tafel 1 braucht der zweite, vierte, sechste, achte usw. Badeofen oder selbsttätige Wasserheizer im Hause nicht berücksichtigt zu werden.*

7. Steigleitungen sind nach Tafel 2 zu bestimmen; nach ihr können auch die Verteilungsleitungen bestimmt werden.

8. In der Regel sollen

Gaszähleranschlußleitungen mindestens . . . 25 mm
Verteilungsleitungen, Hofleitungen mindestens 32 »
Zuleitungen mindestens . . . . 40 »

weit sein.

9. Wo Frostgefahr besteht, sind Leitungen, die sonst knapper gewählt werden könnten, weiter zu wählen, mindestens aber 20 mm.

d) Hähne.

Ziffer 5   1. Durchgangshähne und Eckhähne müssen aus nicht rostenden [s. Anha] Baustoffen hergestellt sein und den jeweiligen Normen entsprechen.

2. Hähne müssen so eingebaut werden, daß die Hahnstellung jederzeit erkennbar ist und das Küken leicht herausgenommen werden kann.

3. Sogenannte Pendelhahnschlüssel müssen so ausgewogen sein, daß sie nicht durch einseitiges Übergewicht Anlaß zu selbsttätigem Öffnen des Hahnes geben können.

4. Für Nennweiten von mehr als 50 mm sind an Stelle von Hähnen Schieber oder Ventile mit nicht rostender Spindel zu verwenden.

e) Druckregler.

Ziffer 6   1. Druckregler müssen den Bestimmungen des DVGW entsprechen. [s. Anha]

2. Druckregler müssen leicht zugänglich eingebaut werden.

3. Druckregler, mit Ausnahme von Geräisreglern, die bei Undichtheit der Membrane Gas in den Aufstellungsraum austreten lassen, müssen eine genügend weite Abblaseleitung ins Freie erhalten, sofern nicht durch andere geeignete Maßnahmen eine Gefährdung durch ausströmendes Gas ausgeschlossen wird.

4. Die Abblaseleitung muß so stark bemessen sein, daß diese das Arbeiten des Reglers nicht beeinträchtigt. Jedoch sollen hierzu Rohre nicht unter 15 mm und nur in Ausnahmefällen über 20 mm l. W. verwendet werden.

5. Die Ausmündung ist von Fenstern möglichst entfernt anzulegen und durch Anbringung eines Kniestücks nach unten zu richten. Die Öffnung ist zum Schutz gegen Verstopfungen mit einem Sieb oder mit Gaze zu verschließen.

C. Erdleitungen.

a) Zuleitung.

1. Jedes Anwesen, das ein einheitliches Besitztum bildet, soll in der *Ziffer 7* Regel seine eigene Zuleitung erhalten.

2. Für gewerbliche Gasanlagen sind besondere Zuleitungen vorzusehen, wenn sonst Störungen der Gaszufuhr für die übrigen Gasabnehmer zu erwarten sind.

b) Gefälle.

1. Zuleitungen sollen in der Regel mit Gefälle zur Versorgungs- *Ziffer 8* leitung verlegt werden.

2. Erhalten ausnahmsweise Zuleitungen Gefälle nach dem Gebäude, so ist dort ein Wassersack einzubauen.

3. Hofleitungen sollen mit durchgehendem Gefälle nach dem Gebäude hin verlegt werden, in dem am besten ein Wassersack eingebaut werden kann.

4. Ist wegen ungenügender Deckung oder ungenügenden Gefälles der Einbau eines Wassersackes nicht durchführbar, so ist an der tiefsten Stelle der Erdleitung ein Wassertopf einzubauen.

c) Hinweisschilder.

s. Anhang 1] Die Lage von Absperrvorrichtungen in Erdleitungen muß durch Hin- *Ziffer 9* weisschilder gekennzeichnet werden.

d) Hauseinführung.

s. Anhang 2] 1. Erdleitungen sollen in möglichst helle, trockene, frostfreie und *Ziffer 10* lüftbare Räume eingeführt werden; die Einführung in Kellerräume für Heizungsanlagen mit festen Brennstoffen soll vermieden werden.

2. Jede Durchführung einer Erdleitung durch eine Hauswand muß unter Verwendung eines Futterrohres, das mindestens 20 mm weiter sein muß als der äußere Durchmesser der Gasleitung, mit dauernd nachgiebiger Masse (plastischer Masse) gegen das Mauerwerk gasdicht verschlossen werden.

3. Leitungen dürfen nicht durch unzugängliche Räume, Kohlenschütten, Lüftungsschächte u. a. geführt werden.

4. Innerhalb des Futterrohres dürfen in der Gasleitung keine Rohrverbindungen liegen.

5. Zwischen Gasleitung und Starkstromleitung soll ein Abstand von mindestens 30 cm eingehalten werden, andernfalls ist für ausreichenden Schutz, z. B. durch hartgebrannte Ziegelsteine, Tonrohrhalbschalen, zu sorgen.

e) Hauptabsperrvorrichtung.

Ziffer 11   1. Jede Zuleitung muß hinter der Einführung ins Gebäude mit einer stets leicht zugänglichen Hauptabsperrvorrichtung ausgerüstet sein; zur Hauptabsperrvorrichtung gehört ein Langgewinde mit einem Reinigungs-T-Stück oder -K-Stück.

2. Jede Hofleitung soll im Vordergebäude für sich absperrbar und im Hofgebäude wieder mit einer Hauptabsperrvorrichtung versehen sein; an beide Enden der Hofleitung gehört je ein Langgewinde mit einem Reinigungs-T-Stück oder -K-Stück (s. auch Ziffer 8,3).

3. Bei größeren Anlagen empfiehlt sich der Einbau einer zweiten Absperrvorrichtung hinter dem RT- (RK-)Stück.

f) Verwahrung der Erdleitungen.

Ziffer 12   1. Fertiggestellte, aber nicht an die Innenleitung angeschlossene Zuleitungen sind mit Stopfen oder Kappen (vgl. Ziffer 16,5 u. 16,6) oder Blindflanschen sicher zu verschließen.

2. Fertiggestellte, aber noch nicht in Betrieb genommene oder außer Betrieb gesetzte Hofleitungen sind an allen Ein- und Auslässen mit Stopfen oder Kappen (s. Ziffer 16,5 u. 16,6) oder Blindflanschen sicher zu verschließen.

3. Das Auffüllen eines in der Erdleitung etwa vorhandenen Absperr-topfes bzw. das Schließen eines außerhalb des Hauses liegenden Schiebers oder das Schließen der Hauptabsperrvorrichtung sind nicht als sicherer Verschluß anzusehen.

D. Innenleitungen.

a) Anordnung.

Ziffer 13   1. Die Leitungen sind geradlinig und rechtwinklig zu Decken und Wänden anzuordnen, scharfe Ecken und Umwege sind dabei aber zu vermeiden.

2. Werden Gas- und Wasserleitungen liegend übereinander geführt, so soll die Gasleitung oberhalb der Wasserleitung angeordnet werden.

3. Innerhalb von Wand- und Deckendurchbrüchen dürfen keine Rohrverbindungen liegen.

4. Bei Leitungsführungen durch Kellermauern soll ein Spielraum zum Schutz gegen Bruch infolge Mauersenkung vorgesehen werden.

5. Leitungen, insbesondere solche unter Fußböden, dürfen nicht als tragende Bauteile behandelt werden.

6. Leitungen aus Stahlrohr sollen möglichst nicht verdeckt liegend oder aufliegend verlegt werden. Präzisionsstahlrohre dürfen nicht verdeckt liegend verlegt werden. Rohre aus Kupfer, Aluminium, gegebenenfalls Austauschstoffen müssen freiliegend verlegt werden, abgesehen von Steuerleitungen aus Kupfer für Temperaturregler usw., die auch auf-liegend verlegt werden dürfen. Im Bergbaugebiet und in feuchten Räumen sind alle Rohre freiliegend zu verlegen (s. Abb. 3).

7. Die Leitungen sind so zu verlegen, daß Querschnittsverengungen durch Ansammeln von Fremdstoffen weitgehend vermieden werden oder daß die Fremdstoffe an den notwendigen RT-(RK-)Stücken leicht beseitigt werden können.

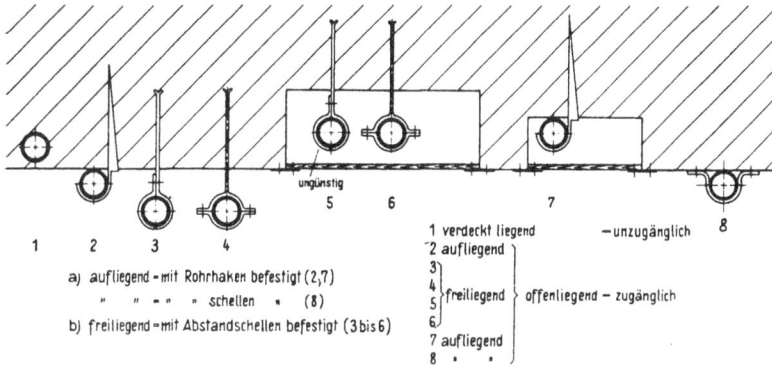

a) aufliegend - mit Rohrhaken befestigt (2,7)
   „   „   - „   „   Schellen   „   (8)
b) freiliegend - mit Abstandschellen befestigt (3 bis 6)

1 verdeckt liegend   —unzugänglich
2 aufliegend
3
4 freiliegend   offenliegend — zugänglich
5
6
7 aufliegend
8 „   „

Abb. 3.   Leitungsverlegung.

8. Kann eine Leitung vor Frost nicht vollständig geschützt werden, so ist ein T-Stück zum Einfüllen von Auftauflüssigkeiten vorzusehen.

9. Die Leitungen sollen mit Gefälle nicht nach einem kalten, sondern nach einem warmen Raum hin verlegt werden.

10. Leitungen vor und hinter Gaszählern dürfen nicht mit Gefälle nach dem Gaszähler hin verlegt werden.

b) Behandlung und Zusammenbau.

1. Rohre und Verbindungsstücke sind stets so zu lagern, daß Fremd- *Ziffer 14* stoffe nicht in die Teile gelangen können.

2. Rohre und Verbindungsstücke sind vor dem Einbau auf Brauchbarkeit und Dichtheit zu prüfen, unbrauchbare und undichte Teile sind zu beseitigen und undichte Teile für Leitungszwecke unbrauchbar zu machen.

3. Der beim Abschneiden der Rohre entstehende Grat ist zu entfernen.

4. Rohre und Verbindungsstücke sind völlig dicht zu verbinden.

5. Stahlrohre sind durch Verbindungsstücke mit Rechtsgewinde, durch Schweißen oder durch Flansche zu verbinden.

6. Alle Gewinde müssen gerade, sauber und passend geschnitten und unbeschädigt sein.

7. Die Gewinde bei Stahlrohren müssen folgende Längen aufweisen:

Nennweite in mm	10	15	20	25	32	40	50	70	80	100
(Nennweite in Zoll)	($^3/_8$)	($^1/_2$)	($^3/_4$)	(1)	($1^1/_4$)	($1^1/_2$)	(2)	($2^1/_2$)	(3)	(4)
Gewindelänge mm	13	16	19	22	25	25	28	32	35	41

8. Zur Dichtung der Gewindeverbindungen sind in Leinöl oder in gleichwertigen, gift- und säurefreien Stoffen getränkte Hanffäden, vom Rohrende angefangen, in das Außengewinde zu legen.

9. Es ist stets auf Freihaltung des vollen Rohrquerschnittes zu achten, Hanffäden dürfen nicht in das Rohr hineinragen; das aus dem Gewinde hervortretende Dichtungsmittel ist sorgfältig zu entfernen.

10. Die Verbindung von Stahlrohren durch Schweißen ist nur bei Rohren von 32 mm Nennweite oder mehr zulässig. Die Schweißung muß spannungsfrei sein und so ausgeführt werden, daß der Rohrquerschnitt nicht unsachgemäß verengt wird und die Verbindung dauernd dicht bleibt.

11. Fertiggestellte Leitungen dürfen nicht angestrichen, verputzt oder sonstwie verdeckt werden, bevor ihre Dichtheit nach Ziffer 67,2 festgestellt ist, jedoch dürfen bei unzugänglichen Wand- und Deckendurchbrüchen die Rohre an diesen Stellen schon vorher mit Rostschutzfarbe gestrichen werden.

c) Befestigung.

Ziffer 15   1. Aufliegende Leitungen sind durch Rohrhaken oder Schellen, freiliegende durch Abstandschellen sicher zu befestigen (s. Abb. 3). In feuchten Räumen, z. B. Waschküchen oder Kellerräumen, sind die Leitungen immer freiliegend mit Abstandschellen zu verlegen (s. Ziffer 3, 4).

2. Leitungen bis 25 mm Nennweite sind etwa alle 1,5 m, stärkere Leitungen etwa alle 2 m zu befestigen.

d) Zerlegbarkeit.

Ziffer 16   1. Jeder ausgedehnte Seitenstrang soll durch Einbau einer leicht zugänglichen Absperrvorrichtung vom Hauptstrang absperrbar gemacht werden; das gilt vor allem für den Anschluß mehrerer Steigleitungen an eine Verteilungsleitung.

2. Jeder ausgedehnte Strang soll hinter der Absperrvorrichtung durch Einbau von Langgewinden zerlegbar gemacht werden; das gilt außer für Verteilungs- und Steigleitungen erforderlichenfalls auch für Verbrauchsleitungen.

3. *Es empfiehlt sich, ein Rohrstück mit je einem Langgewinde an beiden Enden zu verwenden.*

4. Rohrverschraubungen dürfen nur zum Anschluß von Gaszählern, Gasgeräten und -feuerstätten verwendet werden.

5. Bei dem Einbau von Stopfen und Kappen zum zeitweiligen Abschluß von Leitungen (s. Ziffer 12,1, 12,2 und 18,1), von RT-(RK-)Stücken und von Wasserablässen bzw. -säcken ist auf leichte Lösbarkeit zu achten.

6. *Es empfiehlt sich die Verwendung von Stopfen und Kappen aus nicht rostenden Baustoffen.*

7. Stopfen und Kappen an Leitungen für ungemessenes Gas sollen zum Sichern (Plombieren) eingerichtet sein.

e) Unzulässige Leitungsführung.

1. Leitungen dürfen nicht durch Schutzräume u. ä. geführt werden. *Ziffer 17*

2. Leitungen dürfen nicht durch unzugängliche Räume, Lüftungsschächte, Kohlenschütten, Müllschütten u. dgl. oder Hohlräume oberhalb von Rabitzdecken geführt werden, es sei denn, daß durch den Raum ein Schutzrohr geführt wird, innerhalb dessen die Gasleitung so liegt, daß sie nach Trennung der Verbindung aus dem Schutzrohr herausgenommen werden kann.

3. Leitungen dürfen nicht unter oder hinter Feuerstätten für feste Brennstoffe angeordnet oder durch Schornsteine geführt oder in Schornsteinwangen eingelassen werden.

f) Verwahrung der Innenleitungen.

1. Fertiggestellte, aber noch nicht in Betrieb genommene oder außer *Ziffer 18* Betrieb gesetzte Leitungen sind an allen Ein- und Auslässen mit Stopfen oder Kappen (s. Ziffer 16,5 und 16,6) oder Blindflanschen sicher zu verschließen.

2. Jedes behelfsmäßige Abschließen ist streng verboten; auch das Schließen eines Hahnes, Ventils oder Schiebers allein ist nicht als sicherer Verschluß anzusehen.

g) Gaszählerhähne.

. Anhang 1] 1. Vor jedem Gaszähler ist ein leicht erreichbarer Hahn — Gas- *Ziffer 19* zählerhahn — einzubauen. In Einfamilienhäusern kann der Gaszählerhahn fortfallen, wenn Gaszähler und Hauptabsperrvorrichtung sich im gleichen Raum befinden.

2. Gaszählerhähne müssen zum Sichern (Plombieren) eingerichtet sein.

3. Werden mehrere Gaszähler parallel geschaltet, um gemeinsam eine Leitung mit Gas zu versorgen, so ist unmittelbar vor und hinter jedem Gaszähler je ein Hahn einzubauen.

4. *Werden in Mehrfamilienhäusern die Gaszähler im Keller aufgestellt, so empfiehlt sich der Einbau eines Absperrhahnes jeweils beim Eintritt der Gasleitungen in die Wohnungen.*

h) Gaszähler.

. Anhang 1] 1. Gaszähler müssen den Bestimmungen des DVGW entsprechen. *Ziffer 20*

2. Gaszähler sollen so aufgestellt werden, daß sie ohne Hilfsmittel leicht abzulesen und zu bedienen sind; der Aufstellungsplatz soll jederzeit leicht zugänglich, trocken, frostfrei und nicht zu warm sein.

3. Gaszähler dürfen nicht in Räumen aufgestellt werden, in denen feuergefährliche Stoffe verarbeitet werden oder lagern.

4. In allgemein zugänglichen Räumen müssen Gaszähler und Gaszählerhahn erforderlichenfalls einen Schutz gegen Beschädigung erhalten.

5. Gaszähleranschlußleitungen sind so zu verlegen, daß die Gaszähler spannungsfrei angeschlossen werden können.

6. Jeder von der Leitung gelöste Gaszähler ist sofort am Ein- und Ausgangsstutzen gegen Eindringen von Luft zu verschließen.

i) Anlagen mit Zuführung von Luft oder Sauerstoff.

Ziffer 21   1. Wird Gasgeräten oder -feuerstätten Luft unter erhöhtem Druck zugeführt, so ist in die Gasleitung hinter dem Gaszähler, und zwar möglichst kurz vor der Lufteinführung, eine zuverlässig wirkende Rückschlagsicherung einzubauen.

2. Bei Gasgeräten oder -feuerstätten, die mit Sauerstoff arbeiten, *[s. Anhang]* muß an Stelle der Rückschlagsicherung eine Sicherheitsvorrichtung verwendet werden, deren Bauart vom Deutschen Azetylen-Ausschuß in Berlin zugelassen ist.

k) Schutz vor Wasseransammlungen.

Ziffer 22   1. Bei Bedarf sollen an den tiefsten Punkten der Leitungen Wasserablässe angebracht werden, die mit Stopfen oder Kappen (s. Ziffer 16,5 und 16,6) von höchstens 15 mm zu verschließen sind.

2. Wo eine größere Wasseransammlung zu erwarten ist, ist der Wasserablaß zu einem Wassersack zu verlängern.

3. Der Einbau von Hähnen für das Ablassen des Wassers ist verboten.

l) Einlassen von Gas in Leitungen.

Ziffer 23   1. Unmittelbar vor dem Einlassen von Gas ist durch Druckmessung nochmals festzustellen, ob an den Leitungen nirgends ein Auslaß offen ist.

2. Danach ist die in den Leitungen enthaltene Luft aus jedem Strang durch Gas auszublasen; während des Ausblasens ist für hinreichende Lüftung der Räume zu sorgen.

3. Feuer, offenes Licht und brennende Zigarren, Zigaretten oder Pfeifen sind fernzuhalten; das Betätigen von elektrischen Schaltern und Klingeln ist verboten.

m) Arbeiten an gasführenden Leitungen.

Ziffer 24   Vor Beginn von Arbeiten an gasführenden Leitungen ist der zugehörige Absperrhahn zu schließen, der Hahnschlüssel abzunehmen und der Hahn so lange verschlossen zu halten, bis sämtliche Öffnungen der abgesperrten Leitungen, durch die Gas ausströmen könnte, gasdicht geschlossen sind.

n) Undichtheiten.

Ziffer 25   1. Werden an gasführenden Leitungen Undichtheiten wahrgenommen, so sind die gefährdeten Räume zu lüften.

2. Das Ableuchten der Leitungen mit offener Flamme ist strengstens verboten (s. auch Ziffer 23,3).

3. Handelt es sich um geringe Undichtheiten, so können die undichten Stellen entweder durch Abriechen oder durch Abpinseln (mit Sei-

fenwasser o. ä.), mit Hilfe von Palladiumchlorür oder Gassuchgeräten auf-
gesucht werden; danach sind die Leitungen abzusperren (vgl. Ziffer 24).

4. Handelt es sich um größere Undichtheiten, so sind die Leitungen sofort abzusperren; danach sind die undichten Stellen mit Hilfe
von Luft oder Kohlensäure durch Abpinseln genau aufzusuchen.

5. Undichte Leitungsstrecken sind auseinanderzunehmen und
vollständig dicht wiederherzustellen; fehlerhafte Rohre und Verbindungsstücke sind auszuwechseln. Das pfuscherhafte Wiederherstellen
von fehlerhaften Leitungsanlagen ist verboten.

6. Das Aufsuchen von undichten Stellen oder deren Beseitigung durch
Füllen der Leitung mit Wasser, Säure, Azetylen oder Äther ist verboten; so behandelte Leitungen müssen entfernt und neu verlegt werden.

7. Behelfsmäßige Abdichtungen sind ausschließlich zur Abwen-
dung von Gefahren vorübergehend gestattet; die ordnungsmäßige Instand-
setzung ist schnellstmöglich vorzunehmen.

o) Reinigen der Leitungen.

1. Bei der Reinigung der Leitungen ist dafür zu sorgen, daß Gasgeräte, *Ziffer 26*
Gasfeuerstätten und Gaszähler nicht verunreinigt oder beschädigt werden
(Überdruck und Unterdruck).

2. Die Leitungen werden gereinigt durch Ausblasen mit Luft oder
Kohlensäure, durch Absaugen (Vakuum), auf mechanische Weise oder durch
Einfüllen von Lösungsmitteln.

3. Die Verwendung von Sauerstoff zum Ausblasen ist
strengstens verboten.

4. Das Ausblasen soll in Richtung vom engeren zum weiteren Rohr
erfolgen. Der Vakuumreiniger ist stets an der weitesten Leitung anzuschließen.

II. Anschluß, Aufstellung und Einstellung häuslicher Gas-Geräte und -Feuerstätten[1]).

A. Anschluß der Gas-Geräte und -Feuerstätten.

a) Fester Anschluß.

Ziffer 27   1. Als fester Anschluß gilt die Verbindung mit Rohr (s. Ziffer 2) und [s. Anhang] Verschraubung einschließlich des am Ende der Anschlußleitung eingebauten Anschlußhahnes.

2. Durch das Gewicht des angeschlossenen Gerätes (Feuerstätte) darf die Anschlußleitung mit Zubehör nicht tragend beansprucht oder undicht werden; das Gerät (die Feuerstätte) ist gegebenenfalls für sich zu befestigen.

3. Alle häuslichen Gasgeräte und Gasfeuerstätten mit Ausnahme der in Ziffer 28,3 genannten müssen fest angeschlossen werden.

4. Gaskocher und Gasbratöfen sollen fest angeschlossen werden, wenn sie nicht auf ihrer Unterlage bewegt werden können.

b) Beweglicher Anschluß.

Ziffer 28   1. Als beweglicher Anschluß gilt nur die Verbindung mit norm- [s. Anhang] gerechtem Gasschlauch DIN-DVGW, mit Verschraubungen oder Muffen an beiden Enden, einschließlich des am Ende der Anschlußleitung eingebauten Absperr- oder Schlauchhahnes.

2. Schlauchhähne und Schlauchtüllen müssen den Normen ent- [s. Anhang] sprechen.

3. Gaskocher und Gasbratöfen, die auf ihrer Unterlage bewegt werden können, sowie ortsbewegliche häusliche Gasgeräte, d. s. solche, die nach ihrer Benutzung regelmäßig einen anderen Standort erhalten, wie Bügeleisen, Waschsprudler usw., bis zu einem Anschlußwert von 2,5 m³/h, können beweglich angeschlossen werden.

4. Der Schlauchanschluß muß so angeordnet sein, daß der Schlauch auf keinen Fall von den Flammen oder heißen Abgasen berührt werden kann.

5. Liegt bei ortsbeweglichen Geräten die Möglichkeit vor, daß der Schlauch auf dem Fußboden liegen kann, so sind normgerechte Gasschläuche DIN-DVGW mit Bewehrung zu verwenden.

c) Verwahrung der Hähne.

Ziffer 29   Werden Gas-Waschgeräte, Gas-Wasserheizer, Gas-Heizöfen u. dgl. in allgemein zugänglichen Räumen aufgestellt, sind die Hähne gegen unbefugtes Öffnen oder Schließen zu schützen.

[1]) Vorschriften für gewerbliche Anlagen folgen.

B. Aufstellung der Gas-Geräte und -Feuerstätten.

a) Kühlschränke.

Bei der Aufstellung von Kühlschränken ist für genügende Lüftung zu *Ziffer 30* sorgen.

b) Geleuchte.

1. Geleuchte sind an der Decke oder Wand so sicher zu befestigen, daß *Ziffer 31* eine Lockerung weder durch den Gebrauch noch durch Gebäudeerschütterungen möglich ist.

2. Für die Befestigung an der Deckenscheibe sind nur solche metallisch dichtenden Kugelbewegungen zu verwenden, die in jeder Lage gasdicht abschließen.

3. An den Bedienungshähnen der Geleuchte angebrachte Hebel müssen mit dem Buchstaben »A« und »Z« versehen sein.

c) Kocher, Bratöfen und Herde.

Anhang 1]   1. Gaskocher, Gasbratöfen und Gasherde müssen den Bestimmungen *Ziffer 32* des DVGW entsprechen.

2. Kocher, Bratöfen und Herde sind so aufzustellen, daß durch die Wärmeentwicklung der Flammen kein schädlicher Einfluß auf die Umgebung stattfindet.

3. *Kocher und Bratöfen sollen nach Möglichkeit nicht auf vorhandene Kohlenherde, sondern auf Konsolen oder Kochertische gestellt werden.*

4. Der Einbau von sogenannten »Gassparern« u. dgl. ist verboten.

d) Wasch- und Bügelgeräte.

1. Kleinere Waschgeräte (Waschsprudler, Waschmaschinen u. dgl.) *Ziffer 33* sowie Bügelmaschinen mit einem Anschlußwert bis zu 2,5 m³/h dürfen ohne Schornsteinanschluß nur in genügend großen und gut lüftbaren Räumen aufgestellt werden, wenn also schon mit Rücksicht auf die einwandfreie Abführung der Dampfschwaden und des Bügelgeruches für ausreichenden Luftwechsel gesorgt ist.

2. Werden Waschgeräte unter Zwischenschaltung eines Münzgaszählers aufgestellt, so sind besondere Vorkehrungen gegen das Ausströmen von unverbranntem Gas zu treffen.

e) Wäschetrockenschränke.

1. Bei der Aufstellung von Wäschetrockenschränken ist für die Zufuhr *Ziffer 34* genügender Luftmengen in den Aufstellungsraum zu sorgen.

2. *Die Luft kann entweder von außen durch eine Rohrleitung zugeführt werden (auf Staubfreiheit der Luft achten!) oder bei genügend großen Räumen diesen entnommen werden; dann ist für eine ausreichende Belüftung dieser Räume zu sorgen.*

f) Gas-Wasserheizer.

1. Platzwahl.

Ziffer 35   1. Gas-Wasserheizer dürfen nur in genügend großen und gut lüftbaren Räumen angebracht werden (für Bade- und Duschräume s. Ziffer 37 und 38).

2. Gas-Wasserheizer, deren Abgase abgeführt werden müssen (siehe Ziffer 50), sind möglichst nahe am Schornstein anzubringen (vergl. aber Ziffer 36).

3. Selbsttätige Wasserheizer sollen in größtmöglicher Nähe derjenigen Zapfstelle angebracht werden, die am häufigsten benutzt wird, also zumeist in der Küche.

4. Gas-Wasserheizer dürfen nicht dort angebracht werden, wo gemeinsam mit der Verbrennungsluft Dünste und Abgase anderer Geräte angesaugt werden können.

5. Klein-Wasserheizer dürfen nicht über Badewannen angebracht werden.

6. Badeöfen und Klein-Wasserheizer sind so hoch anzubringen, daß *[s. Anhang]* die Auslässe zur Verhinderung des Rücktritts von Wasser und des Eindringens anderer Stoffe in die Reinwasserleitung mindestens 20 mm über dem Rand der Wannen, Spülbecken usw. ausmünden.

7. Bei selbsttätigen Wasserheizern soll das Maß vom Fußboden bis zum Brenner etwa 1400 mm betragen, bei Badeöfen genügen etwa 1000 mm, sofern diese Maße eine ordnungsmäßige Abgasabführung zulassen.

2. Aufhängung.

Ziffer 36   Gas-Wasserheizer sollen nach Möglichkeit nicht an Schornsteinwangen aufgehängt werden; läßt sich in Ausnahmefällen diese Aufhängung nicht umgehen, so ist darauf zu achten, daß der Schornstein dadurch nicht undicht wird.

3. Belüftung von Baderäumen[1]).

Ziffer 37   Die Lüftung von Baderäumen ist gegebenenfalls durch in der Nähe des *[s. Anhang]* Fußbodens und nahe der Zimmerdecke liegende Lüftungsöffnungen von je etwa 100 cm², die beide nach dem gleichen Raum führen müssen, sicherzustellen.

4. Belüftung von Duschräumen[2]).

Ziffer 38   1. In offenen oder nur mit Vorhang abgeschlossenen Duschräumen dürfen nur Klein-Wasserheizer aufgestellt werden (Abgasabführung s. Ziffer 50,1).

2. In geschlossenen Duschräumen dürfen nur Klein-Wasserheizer und nur bei Anbringung von Lüftungsöffnungen am Fußboden und unter-

[1]) Räume mit Badewannen.

[2]) Duschräume im Sinne der Ziffer 38 sind kleine Räume, die im Gegensatz zu Baderäumen (s. Ziffer 37) nur für !die Benutzung von Brausebädern Platz bieten.

halb der Decke von mindestens 70 cm² aufgestellt werden (Abgasabführung s. Ziffer 50,1).

5. Bauarten.

s. *Anhang 1]*   1. Gas-Wasserheizer müssen den Bestimmungen des DVGW ent- *Ziffer 39* sprechen.

2. Die Aufstellung unmittelbar beheizter Badewannen sowie der nachträgliche Einbau von Gasbrennern unter Badewannen ist verboten.

g) Gas-Raumheizer.

1. Heizöfen.

s. *Anhang 1]*   1. Gas-Heizöfen müssen den Bestimmungen des DVGW entsprechen. *Ziffer 40*

2. Für die Aufstellung von Gasheizöfen in Räumen, für die besondere behördliche Vorschriften bestehen (Kraftwagenunterstellräume, Lichtspielräume, Theater, Bühnenräume u. dgl.), sind diese zu beachten.

3. Heizöfen sollen möglichst nahe dem Schornstein aufgestellt werden.

4. Heizöfen sollen so aufgestellt werden, daß Ort und Art der Aufstellung die Luftumwälzung und Wärmestrahlung nicht behindern.

5. Der Fußboden ist gegebenenfalls gegen schädliche Wärmestrahlen zu schützen.

6. Bei empfindlichen Wandbekleidungen sind gegebenenfalls die Wände hinter und über dem Ofen zu schützen.

7. *Geeignete Baustoffe für Wandschutz sind Glanzasbest, Metallblech mit Zwischenraum, Kacheln, Fliesen usw.*

8. *Das Bräunen der Wandbekleidung, das durch Schwelung des Staubes entsteht, kann in den meisten Fällen durch Ablenken der warmen Luft über dem Ofen verhindert werden. Die Höhe des Ablenkers über dem Ofen ist etwa gleich dem Abstand des Ofens von der Wand zu wählen.*

2. Zentralheizungskessel für Gasfeuerung.

Bei der Aufstellung von Zentralheizungskesseln mit Gasfeuerung sind *Ziffer 41* die bestehenden örtlichen Vorschriften der Baupolizei über die Ausgestaltung der Heizräume und außerdem die behördlichen Sicherheitsvorschriften für Zentralheizungskessel und Zentralheizungsanlagen zu beachten.

3. Gas-Luftheizer.

Bei der Aufstellung von Gas-Luftheizern sind etwaige Vorschriften *Ziffer 42* der örtlichen Baupolizei zu beachten.

C. Einstellung der Gas-Geräte und -Feuerstätten.

a) Gasdurchgang.

1. Alle angeschlossenen Geräte und Feuerstätten sind auf den ihnen *Ziffer 43* zukommenden Gasdurchgang — Einstellwert — einzustellen.

2. Ist die Belastung bekannt, so ergibt sich aus ihr der Einstellwert mit Hilfe der vom Gaswerk zu stellenden Umrechnungstafel.

3. Die Belastung von Kocherbrennern ist wie folgt einzusetzen:

Normalbrenner . . . . . 25—28 kcal/min,
Starkbrenner . . . . . 38—42 kcal/min.

4. Die Belastung von Gas-Wasserheizern und Gas-Raumheizern ist dem Geräteschild zu entnehmen.

5. Bei Kühlschränken, Bratöfen (soweit nicht die Belastung auf dem Geräteschild angegeben), Wasch- und Bügelgeräten sowie Wäschetrockenschränken ist zunächst der Anschlußwert den Katalogangaben zu entnehmen und dann der Einstellwert aus der vom Gaswerk zu stellenden Umrechnungstafel abzulesen.

b) Bunsenbrenner.

Ziffer 44   Die Flammen aller Bunsenbrenner müssen auf einen scharf begrenzten grünen Kern und so eingestellt werden, daß die Flammen im normalen Betrieb nicht zurückschlagen.

c) Wasserdurchgang.

Ziffer 45   Gas-Wasserheizer sind auf den ihnen zukommenden Wasserdurchgang einzustellen.

III. Abgasabführung häuslicher Gas-Feuerstätten[1]).

A. Umfang der Abgasanlage.

Die Abgasanlage umfaßt den Abgasweg vom Abgasstutzen der Feuer- *Ziffer 46* stätte bis zur Abgasausmündung (Abb. 4 bis 7).

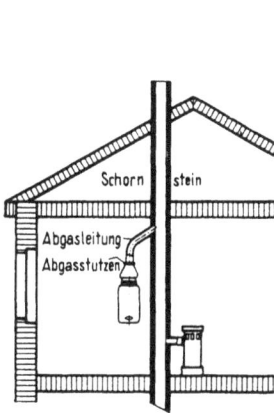

Abb. 4.   (Regelfall.)

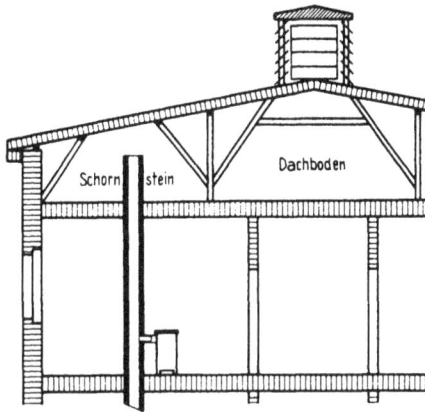

Abb. 5.   Ausmündung des Schornsteines
in den Dachboden
(s. Ziffer 64 — nicht bei Wohngebäuden!).

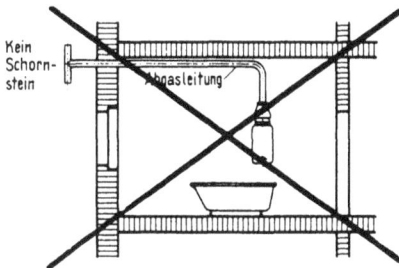

Abb. 6.   Abgasabführung durch die
Wand ins Freie
(s. Ziffer 65 — nicht bei Neubauten!).

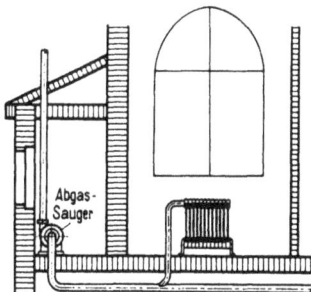

Abb. 7.   Abgasabsaugung
(s. Ziffer 65 a).

[1]) Vorschriften für gewerbliche Anlagen folgen.

3

B. Notwendigkeit der Abgasabführung.

a) Kocher, Bratöfen, Herde und Kühlschränke.

Ziffer 47   Kocher, Bratöfen, Herde und Kühlschränke für den Haushalt bedürfen wegen ihres geringen stündlichen Gasverbrauches keiner Abgasabführung, keines Schornsteinanschlusses.

b) Wasch- und Bügelgeräte.

Ziffer 48   1. Kleinere Waschgeräte (Waschsprudler, Waschmaschinen u. dgl.) und Bügelmaschinen mit einem Anschlußwert bis zu 2,5 m³/h dürfen ohne Schornsteinanschluß nur in genügend großen und gut lüftbaren Räumen aufgestellt werden (s. Ziffer 33,1).

2. Die Abgase größerer Waschsprudler u. dgl. sowie von Waschkesseln mit Gasfeuerung müssen abgeführt werden.

c) Wäsche-Trockenschränke.

Ziffer 49   Die Abgase von Wäsche-Trockenschränken müssen abgeführt werden.

d) Gas-Wasserheizer.

Ziffer 50   1. Klein-Wasserheizer dürfen ohne Schornsteinanschluß nur in genügend großen und gut lüftbaren Räumen aufgestellt werden, und nur, wenn sie für die Füllung von Geschirrspülbecken, Waschbecken oder dgl. oder zur Herstellung einzelner Brause- oder Kinderbäder dienen. Andernfalls sind Klein-Wasserheizer an den Schornstein anzuschließen.

2. Gas-Wasserspeicher bis zu etwa 10 l Wasserinhalt dürfen ohne Schornsteinanschluß nur in genügend großen und gut lüftbaren Räumen aufgestellt werden.

3. Die Abgase aller Durchlauf-Wasserheizer mit einer größeren Belastung als 150 kcal/min sowie aller Speicher mit einem Wasserinhalt von mehr als etwa 10 l müssen abgeführt werden.

e) Gas-Raumheizer.

Ziffer 51   1. Grundsätzlich müssen die Abgase von Heizöfen abgeführt werden.

2. Zentralheizungskessel und Gas-Luftheizer sind ausnahmslos an Schornsteine anzuschließen.

C. Sicherung der einwandfreien Verbrennung und Strömung in der Feuerstätte.

a) Störungen im Schornstein.

Ziffer 52   1. Vor dem Anschluß einer Gasfeuerstätte an einen Schornstein ist *[s. Anhang]* zu prüfen, ob er für den vorliegenden Zweck geeignet ist, also ob nicht längere Zeit Stau oder Rückstrom in ihm auftritt.

2. Tritt nach dem Anschluß der Feuerstätte im Schornstein nicht nur vorübergehend (beispielsweise durch Witterungsumschlag oder bei Inbetriebsetzung der Anlage), sondern längere Zeit Stau oder Rückstrom auf, so ist die Ursache festzustellen, und es ist für Abhilfe zu sorgen. Ist dies nicht möglich, so ist ein anderer besserer Schornstein zu wählen.

b) Sicherung (Feuerstätte/Abgasleitung).

1. Wasch- und Bügelgeräte (Ziffer 48,2), Wäschetrockenschränke *Ziffer 53*
(Ziffer 49) und Gas-Wasserheizer (Ziffer 50,1 und 50,3) sind gegen die
Wirkung vorübergehender störender Betriebsverhältnisse im Schornstein
(Stau, Rückstrom) zu sichern — Strömungssicherung.

2. Gas-Einzelöfen (Ziffer 51,1), Gas-Zentralheizungskessel und Gas-
Luftheizer (Ziffer 51,2) sind im Bedarfsfalle gegen die Wirkung vorübergehender störender Betriebsverhältnisse im Schornstein (Stau, Rückstrom)
zu sichern.

3. Besitzt die Gasfeuerstätte keine eingebaute Strömungssicherung,
so ist (bei Gas-Heizanlagen im Bedarfsfalle) eine nachgeschaltete Strömungssicherung in die Abgasleitung so einzubauen, daß bei Stau oder Rückstrom Verbrennung und Strömung in der Feuerstätte nicht gestört werden.

4. Grundsätzlich soll die vom Hersteller zu liefernde, auf die betreffende
Feuerstätte abgestimmte Strömungssicherung nach dessen Einbauvor-
schriften eingebaut werden; an den Anschlußlängen dieser Strömungs-
sicherungen dürfen Änderungen nicht vorgenommen werden.

5. Kann vom Hersteller der Gasfeuerstätte keine abgestimmte Strömungssicherung geliefert werden, so kann eine Ausführung nach Abb. 8
oder 9 oder eine andere gleichwertige eingebaut werden: das gleiche gilt für
den Umbau von Kohlenfeuerstätten auf Gasfeuerung. Auf keinen Fall dürfen
durch die Strömungssicherung Verbrennung und Strömung in der Feuerstätte gestört werden.

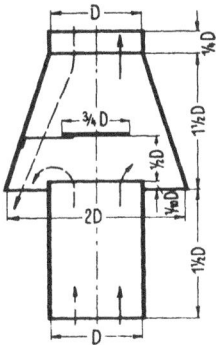

Abb. 8. Strömungssicherung
für senkrechten Anschluß.

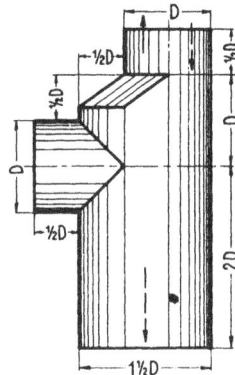

Abb. 9. Strömungssicherung
für waagerechten Anschluß.

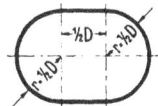

6. Die in Abb. 8 und 9 angegebenen Maße dienen nur als erster Anhalt
für die Bemessung der Sicherung.

3*

7. Die nachgeschaltete Strömungssicherung darf nur dann in einem anderen Raum angebracht werden, wenn in diesem die gleichen Druckverhältnisse herrschen wie im Aufstellungsraum der Feuerstätte.

c) Sonderfälle.

Ziffer 54   1. Wird bei Heizöfen mit geschlossenem Verbrennungsraum die Luft dem Freien entnommen, so ist anstatt der Strömungssicherung ein Windschutz vorzusehen.

2. Werden die Abgase abgesaugt, so wird die Strömungssicherung durch eine einstellbare oder auswechselbare Blende ersetzt.

D. Abgasleitungen.

a) Baustoffe.

Ziffer 55   1. Abgasleitungen müssen aus nichtbrennbaren Baustoffen bestehen.

2. *Welche Baustoffe als nicht brennbar anzusehen sind, bestimmen die* [s. Anhang *einschlägigen Vorschriften der Länderregierungen.*

3. Die für Abgasleitungen gebräuchlichen Baustoffe sind in Tafel 3 angegeben.

4. Bei der Wahl des Baustoffes für die Abgasleitung ist zu beachten, ob es sich um kürzere oder um längere Benutzung handelt.

5. *Für Feuerstätten, die nur kurze Zeit benutzt werden (z. B. Gas-Wasserheizer im Haushalt, Heizöfen für die vorübergehende Beheizung nicht ständig benutzter Räume) sind Abgasleitungen mit geringer Wärmeaufnahme empfehlenswert.*

6. *Für Feuerstätten, die längere Zeit benutzt werden (z. B. Heizöfen für Dauerheizung und für die Übergangszeit), sind Baustoffe mit geringem Wärmedurchgang zweckmäßig.*

b) Querschnitte.

Ziffer 56   1. Der Querschnitt der Abgasleitung muß dem Querschnitt des Abgasstutzens entsprechen und darf, auch wenn die Form des Querschnittes im weiteren Verlauf der Abgasleitung geändert wird, nicht verkleinert werden. (Bei Gasfeuerstätten mit einem Anschlußwert von mehr als 10 m³/h gelten feststellbare Schieber unmittelbar hinter dem Abgasstutzen, die mindestens den halben Abgasrohrquerschnitt frei lassen müssen, nicht als Verengung des Rohrquerschnittes.)

2. *Die Weiten der Abgasleitungen für Feuerstätten, die von Kohlefeuerung auf Gasfeuerung umgebaut sind, können der Tafel 4 entnommen werden, die aber nur als erster Anhalt für die Bemessung dient.*

3. Bei rechteckigen Rohren soll das Verhältnis der Seiten 1,5 : 1 nicht überschritten werden.

4. Werden in eine Abgasleitung die Abgase einer anderen Feuerstätte eingeleitet, so ist der Querschnitt kurz vor der Einführung der Abgasleitung

Tafel 3.

Baustoffe für Abgasleitungen.

Baustoff	Bemerkung	Widerstand gegen Stoß und Schlag	Widerstand gegen chem. Einfluß	Wärmeaufnahme	Wärmedurchgang	Verbindung	Formstücke	Verlegung	Anwendungsgebiet	Gewicht[1]
Verbleites Eisenblech	Nach der Fertigstellung verbleit	mittel	gut, wenn kein Kondenswasser	gering 1	groß 1	bei waagerechten Leitungen Kitt oder teilweise Lötung	von der Fabrik zu beziehen	leicht	Gas-Wasserheizer und Heizöfen, möglichst kurz. Bei längeren Leitungen isolieren[3].	gering 1
Doppelwandiges Isolierrohr aus verbleitem Eisenblech	Zwischenraum zwischen Innen- und Außenmantel mit Isolierstoff (Aluminiumfolie, Glaswolle od. dgl.) ausgefüllt	gut		mittel 2,6	gering 0,5	Innenmuffe	von der Fabrik zu beziehen	leicht	Gas-Wasserheizer und Heizöfen.Besonders für lange Leitungen und in kalten Räumen (Dachböden usw.) bei Abgasleitungen ins Freie.	mittel 2
Asbestzement	Richtige Zusammensetzung der Masse ist wichtig	mittel	gut	groß 5,8	groß 0,9	Außenmuffe Kitt[4]	von der Fabrik zu beziehen	leicht	Wie verbleites Eisenblech. Bei längeren Leitungen isolieren. Zum Einziehen in zu weite Schornsteine.	mittel 2,6
leichtes Gußeisenrohr (asphaltiert)	unbegrenzt haltbar	gut	gut	groß 5,8	groß 1,0	Muffe Hanf Sinterit u. ä.	von der Fabrik zu beziehen	leicht	Absaugungsanlagen, Abgasleitung unter Putz. Isolierung unbedingt erforderlich[3].	groß 4,9

[1] Die angegebenen Zahlen sind ungefähre Verhältniszahlen. [2] Bleiglätte und Glyzerin. [3] z. B. Kieselgurschnur 15 mm ⌀ oder Isoliermatte 12 mm Stärke. [4] Von der Fabrik zu beziehen.

Tafel 4.
Querschnitte für Abgasleitungen.

| Nenn-belastung | Leistung | | Anschlußwert | Abgasleitung | |
| kcal/min | der an die Abgasleitung angeschlossenen Gasfeuerstätten | | | Quer-schnitt | Durch-messer |
kcal/min	kcal/min	kcal/h	m³/h	cm²	cm
110— 145	90— 125	5400— 7500	1,8— 2,4	50	8
145— 250	125— 210	7500— 12600	2,4— 4,2	62	9
250— 320	210— 270	12600— 16200	4,2— 5,4	80	10
320— 400	270— 340	16200— 20400	5,4— 6,6	95	11
400— 500	340— 420	20400— 25200	6,6— 8,4	115	12
500— 610	420— 520	25200— 31200	8,4—10,2	135	13
610— 720	520— 610	31200— 36600	10,2—12,0	150	14
720— 970	610— 820	36600— 49200	12,0—16,2	180	15
970—1200	820—1000	49200— 60000	16,2—19,8	200	16
1200—1450	1000—1200	60000— 72000	19,8—24,0	225	17
1450—1750	1200—1500	72000— 90000	24,0—29,0	260	18
1750—2000	1500—1700	90000—102000	29,0—34,0	285	19
2000—2350	1700—2000	102000—120000	34,0—39,0	315	20
2350—2650	2000—2250	120000—135000	39,0—44,0	350	21
2650—2900	2250—2450	135000—147000	44,0—49,0	375	22

der zugehörigen Feuerstätte zu erweitern, wenn die Leistung der hinzukommenden Feuerstätte mehr als 25% der bereits angeschlossenen beträgt; der größere Querschnitt ergibt sich aus der Summe der Einzelquerschnitte.

c) Bauhöhe.

Ziffer 57   1. Die nachgeschaltete Anlaufstrecke der Abgasleitung muß so bemessen sein, daß bei normaler Strömung im Schornstein weder an der eingebauten noch an der nachgeschalteten Strömungssicherung Abgase austreten.

2. Bei einigen Bauarten von Feuerstätten mit waagerechtem Abgasstutzen ist eine nachgeschaltete Anlaufstrecke nicht erforderlich, da die Feuerstätte selbst eine genügend große Anlaufstrecke zur Überwindung der Widerstände enthält.

d) Anordnung und Zusammenbau.

Ziffer 58   1. Die Abgase sind auf dem kürzesten Wege abzuführen; wo dies nicht möglich ist, sind die Rohre, besonders wenn sie durch kalte Räume führen, sorgfältig gegen Wärmeverluste zu schützen.

2. Das Abgasrohr ist dicht in den Abgasstutzen der Feuerstätte einzuführen; ein zu weites Hineinschieben des Rohres ist zu verhindern, gegebenenfalls durch Anbringung einer Sieke (Abb. 10).

3. Liegende Abgasleitungen sollen in der Regel mit Steigung zum Schornstein hin verlegt werden.

4. Abgasrohre und Formstücke sind so zusammenzusetzen, daß etwa auftretendes Schwitzwasser nicht an den Stoßfugen austreten kann (Abb.10).

5. Abgasleitungen für Heizöfen mit geschlossenem Verbrennungsraum sowie Abgasleitungen für Abgassauger müssen vollkommen abgasdicht hergestellt werden.

6. Wo runde Rohre und Vierkantrohre in gleicher Achse zusammentreffen, soll der Übergang allmählich erfolgen.

7. Alle Richtungsänderungen sollen mit langen Bögen ausgeführt werden. Bei Vierkantrohren aus Asbestzement u. ä. müssen an den Knickpunkten Formstücke eingebaut werden.

8. Abgasleitungen mehrerer Gasfeuerstätten dürfen nicht rechtwinklig zur Richtung des Abgasstromes zusammengesetzt werden; der Anschluß weiterer Abgasleitungen muß spitzwinklig in Richtung des Abgasstromes erfolgen.

9. Bei gegeneinander laufenden Abgasleitungen ist an der Verbindungsstelle eine Zunge anzubringen, welche die eintretenden Abgasströme in die neue Stromrichtung umlenkt, oder es sind Hosenrohre zu verwenden (Abb. 11 und 12).

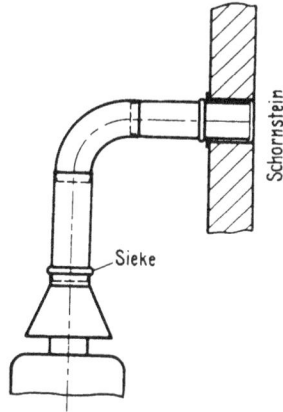

Abb. 10. Schema einer Abgasleitung für waagrechten Schornsteinanschluß.

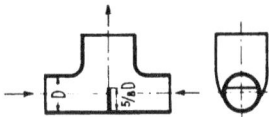

Abb. 11. Abgas-T-Stück mit Zunge.

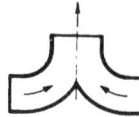

Abb. 12. Hosenrohr.

10. Bei der Aufstellung mehrerer Gasheizöfen im gleichen Raum ist die getrennte Abführung der Abgase in den Schornstein anzustreben.

11. Der Einbau von Absperrklappen, die während des Betriebes der Feuerstätte geschlossen werden können, ist verboten.

12. Der Einbau von Absperrklappen, die sich mit Sicherheit selbsttätig öffnen, sobald die Feuerstätte in Betrieb genommen wird, ist oberhalb der Strömungssicherung zulässig, wenn eine wesentliche Verengung des Rohrquerschnittes durch die Klappe in der Offenstellung nicht eintritt. Bei gemischt belegten Schornsteinen ist zwischen Schornstein und Absperrklappe in der Nähe der Klappe eine Prüföffnung anzubringen.

13. Bei Durchführung metallener Abgasrohre durch Wände sollen Futterrohre vorgesehen werden. In Mauerkanälen sind Abgasleitungen

hohl zu verlegen und gegebenenfalls gegen Wärmeverluste zu schützen, wenn nicht überhaupt geschützte Rohre verwendet werden.

e) Schornsteinanschluß.

Ziffer 59   1. Das Abgasrohr ist dicht entweder mit Futterrohr oder mit Einführungsbuchse in den Schornstein einzuführen; das Ende des Abgasrohres darf nicht in den freien Schornsteinquerschnitt hineinragen (Abb. 10).

2. *Bei Anschluß an gemischt belegte Schornsteine wird die Anbringung einer Prüföffnung kurz vor der Einmündung in den Schornstein empfohlen.*

3. Bei gemischt belegten Schornsteinen muß die Einführung rechtwinklig erfolgen.

4. *Bei Abgasschornsteinen empfiehlt sich die spitzwinklige Einführung der Abgasleitung in den Schornstein, damit die Abgase ohne starke Wirbelbildung in ihm aufwärtsströmen können.*

5. Bei Wasserheizern soll die Einführung der Abgasleitung in den Schornstein möglichst nahe der Decke erfolgen.

E. Schornsteine.

a) Baustoffe.

Ziffer 60   1. Die Baustoffe der Schornsteine werden durch die Bauordnung *[s. Anhang]* bestimmt.

2. Abgasschornsteine können auch aus Formstücken und Formsteinen aus Ton, Schamotteton, Asbestzement u. ä. bestehen, sofern sie auf Grund der Vorschriften der Länderregierungen hierfür zugelassen sind (Tafel 5).

Tafel

Bisher gebräuchliche Baustoffe

Baustoff	Bemerkung	Widerstand gegen		Wärme-aufnahme[1]	Wärme-durchgang[1]
		Stoß und Schlag	chem. Einfluß		
Ton oder Schamotte-ton	innen glasiert	mittel	gut	gering 0,1	groß 2,0
Asbest-Zement	über Dach isolieren	mittel	gut	gering 0,1	groß 1,9

[1]) Vergleichszahlen unter der Voraussetzung von $^1/_2$ Stein starkem Mauer-

b) Ausführung.

1. Bei Abgasschornsteinen aus Formstücken oder Formsteinen muß *Ziffer 60a* das untere Stück eine Vorrichtung zur Entfernung sich etwa ansammelnden Niederschlagswassers erhalten.

2. Zur Prüfung des Abgasschornsteines auf freien Querschnitt muß unten am Schornstein eine Prüföffnung vorgesehen sein. Zur Kennzeichnung als Abgasschornstein ist unten deutlich sichtbar der Buchstabe »G« anzubringen — am besten auf dem Verschlußstück der Prüföffnung.

3. *Bei Abgasschornsteinen aus Formstücken oder Formsteinen können die Einrichtungen zu Ziffer 60a,1 und 60a,2 im untersten Formstück zusammen angebracht werden.*

4. Werden Abgasschornsteine aus Formstücken oder Formsteinen geschleift, so sind sie an den Knickpunkten zu unterstützen.

5. *Unter Umständen kann es, besonders bei nachträglich hochgeführten Schornsteinen, zweckmäßig sein, sie im Dachboden zu schleifen, wenn dadurch die Hochführung über First erreicht werden kann.*

c) Querschnitte und Belastung.

1. Für die Bemessung der Querschnitte gemauerter Schornsteine *Ziffer 61* und für die Anzahl der Feuerstätten, die an Schornsteine und Abgasschornsteine angeschlossen werden dürfen, gelten die Bauordnungen.

2. Der Querschnitt von Abgasschornsteinen aus Formstücken oder Formsteinen mit glatten Innenflächen kann der Tafel 4 entnommen werden mit der Einschränkung, daß der kleinste Durchmesser oder die kleinste Seitenlänge des Schornsteinquerschnittes nicht weniger als 6 × 10 cm, bei runden Querschnitten nicht weniger als 9 cm φ betragen darf.

5.

für Abgasschornsteine.

Ver-bindung	Form-stücke	Ver-legung	Anwendungsgebiet	Gewicht[1]
Stoßverbindung mit geschützter Dichtungsfuge	von der Fabrik zu beziehen	ohne festen Verband mit dem Mauerwerk genau senkrecht, bei Schleifung unterstützen	Bei Neubauten und bei nachträglicher Errichtung, wenn kein anderer Schornstein frei ist	gering 0,13 — gering 0,13

werk (= 1 gesetzt) und 20 mm Wandstärke der Formrohre.

d) Auswahl.

Ziffer 62   1. **Warmliegende** Schornsteine sind kaltliegenden vorzuziehen, Schornsteine an Außenwänden sind für die Abgasabführung tunlichst zu vermeiden. Müssen nachträglich Abgasschornsteine an Außenwänden der Gebäude hochgeführt werden, so sind sie mit **Wärmeschutzmitteln** zu verkleiden.

2. Senkrecht hochgeführte Schornsteine sind im allgemeinen geschleiften Schornsteinen, besonders bei Ziegelmauerwerk, vorzuziehen (vgl. dazu Ziffer 60a,5.)

e) Schornsteinausmündung und Windschutz.

Ziffer 63   1. Die Ausmündung des Schornsteines bei **schrägen Dächern** soll möglichst nicht weniger als 0,5 m über First liegen. Bleibt man bei **steilen** Dächern mit der Ausmündung unterhalb des Firstes, so muß die Schornsteinausmündung, unbeschadet etwa bestehender baupolizeilicher Vorschriften, mindestens 1,0 m waagerechten Abstand von der Dachfläche haben und von Dachausbauten möglichst weit entfernt sein.

2. Stau oder Rückstrom im Schornstein durch Windeinflüsse soll durch Höherführen des Schornsteines oder durch Einbau eines geeigneten Windschutzes oder durch sonst geeignete Mittel verhindert oder gemildert werden.

3. Zwischen Windschutz und Dachfläche oder benachbarten Gebäuden usw. muß ein genügend großer Abstand vorhanden sein.

4. Querschnittsverkleinerungen zwischen Schornstein und Ausmündung des Windschutzes sind unzulässig. Durch Frost oder Schnee darf ein **Zufrieren** des Windschutzes nicht eintreten können. Ein drehbarer Windschutz ist nur dann zulässig, wenn er gegen Festrosten und Festfrieren gesichert ist.

5. Geeigneter Windschutz sind Meidinger Scheiben u. dgl.

6. Im Dachboden ist in den Schornstein eine verschließbare Prüföffnung einzubauen, wenn durch den Einbau des Windschutzes die Prüfung des Schornsteines erschwert oder unmöglich gemacht wird.

F. Sonderfälle.

a) Ausmündung des Schornsteines in den Dachboden.

Ziffer 64   1. Die Abführung der Abgase in den **Dachboden** von **Wohngebäuden** ist verboten.

2. Sie ist zulässig in anderen Gebäuden, wenn der Dachboden genügend groß und gut lüftbar (s.Abb. 5) ist und die Ausmündungen der Schornsteine nicht durch Einbauten u. dgl. unwirksam gemacht werden können.

b) Abgasabführung durch die Wand ins Freie.

Ziffer 65   1. Die Abgasabführung durch die Wand ins Freie (s.Abb. 6) ist in **Neubauten verboten**.

2. Bei vorhandenen Gebäuden soll die Abgasabführung durch die Wand ins Freie vermieden werden (Ziffer 57 beachten!).

c) Absaugung der Abgase.

1. Die Absaugung der Abgase ist bei Gasanlagen durch einen Abgas- *Ziffer 65a* sauger (s. Abb. 6) zulässig.

2. Die Abgasströmung ist mit der Blende (s. Ziffer 54,2) so zu regeln, daß alle Abgase mit dem geringst möglichen Luftüberschuß abgesaugt werden.

3. *Für besondere Fälle ist der Einbau einer Sicherung zu empfehlen, die beim Ausbleiben von Gas oder beim Ausbleiben des Antriebes des Abgassaugers die Gaszufuhr schließt, nach Beseitigung der Störung darf die Sicherung sich nur öffnen, wenn sämtliche dahinterliegende Gashähne geschlossen sind.*

IV. Einwandfreier Zustand der Gaseinrichtungen.

a) Äußerliche Anforderung.

Ziffer 66　　Eine Gaseinrichtung gilt als einwandfrei, wenn sich bei ihrer Besichtigung ergibt, daß sie vorbehaltlich der Prüfung nach Ziffer 67—69 in allen Teilen den vorliegenden Vorschriften und Richtlinien und den behördlichen Bestimmungen entspricht.

b) Dichtheit.

Ziffer 67　　1. Zuleitungen nebst Anschluß der Hauptabsperrvorrichtungen sind dicht, wenn beim Abpinseln mit Seifenwasser o. ä. unter Betriebsdruck keine Blasenbildung auftritt.

2. Innenleitungen (ohne eingebaute Hähne u. dgl.) und Hofleitungen sind dicht, wenn bei einem Überdruck von 1 atü nach einer Wartezeit für den Temperaturausgleich von 10 min der Prüfdruck während anschließender Prüfdauer von 10 min nicht fällt.

3. Gaszähler-, Druckregler-, Geräte- und Feuerstätten-Anschlüsse sowie neuverlegte kurze Abzweig- und Anschlußleitungen sind dicht, wenn beim Abpinseln mit Seifenwasser o. ä. unter Betriebsdruck keine Blasenbildung auftritt.

c) Richtige Einstellung der Geräte und Feuerstätten.

Ziffer 68　　Die einwandfreie Arbeitsweise von Gasgeräten (Feuerstätten) ist nach dem Einlassen von Gas in die Leitung festzustellen.

d) Abgasanlagen.

Ziffer 69　　1. Im normalen Betriebszustand darf bei geschlossenen Fenstern und Türen an der Strömungssicherung kein Abgas austreten.

2. Sind Mängel an der Abgasabführung auf die Wirkung des Schorn- *[s. Anhang* steins zurückzuführen, so ist der zuständige Bezirksschornsteinfegermeister zu benachrichtigen.

Ergänzungen für Propan und Butan
zu den DVGW-TVR Gas 1938

Vorwort zur 1. Auflage.

Für die Versorgung von Gebäuden mit Flüssiggas (Propan, Butan und Gemische beider) gilt neben den vom Reichs- und Preußischen Wirtschaftsminister herausgegebenen

»Richtlinien für die Sicherheit bei der Verwendung von Propan und Butan in privaten Haushalten und in Gaststätten jeder Art«[1])

die Vereinsarbeit DVGW—TVR 1934 mit den nachfolgenden Ergänzungen und Zusätzen.

Dr. Nübling,   Müller,
Vorstand.   Leiter des Fachgebietes
                          Gas/Verwendung.

Vorwort zur 2. Auflage.

Die Herausgabe der DVGW—TVR Gas 1938 machte eine Überarbeitung der »Ergänzungen für Flüssiggas (1. November 1935)« erforderlich. Da der Inhalt der TVR Gas jetzt als bekannt vorausgesetzt werden darf, konnte die äußere Form der Ergänzungen wesentlich vereinfacht und verkürzt werden. Der Sammelbegriff »Flüssiggas« konnte wegfallen, nachdem sich die Hersteller von Propan und Butan verpflichtet haben, für häusliche Zwecke entweder Propan oder Butan, nicht aber Gemische beider, zu liefern.

Berlin, am 18. Mai 1938.   Dr. Hoffmann,
                                    Vorstand.

Einleitung.

Anwendungsumfang.

Bei Verwendung von Propan oder Butan (Druck in den Leitungen *Seite 9* rd. 500 mm WS) gelten die DVGW—TVR Gas 1938 mit diesen Ergänzungen vom Regler bzw. Sicherheitsauslaß bis zur Abgasausmündung,

[1]) Vom 30. 4. 1936, Aktenzeichen IV 24193/35. — Carl Heymanns Verlag, Berlin W 8, Mauerstr. 44.

soweit es sich um Anlagen handelt, deren Geräte/Feuerstätten von einer festen Verbrauchsleitung gespeist werden.

Begriffsbestimmungen.

Seite 10   II A. **Propan und Butan** sind Flüssiggase, die bei der Erdölgewinnung und -verarbeitung und bei der Kohlehydrierung anfallen.

II B. Der obere und der untere Heizwert werden bei Propan und bei Butan auf 1 kg bezogen (kcal/kg). Heizwert im Gebrauchszustand kommt nicht in Betracht.

III F fällt für Propan und für Butan weg.

I. Leitungsanlagen.
Umfang.

Ziffer 1   Bei Leitungsanlagen für Propan oder Butan tritt an Stelle der Zuleitung (und Gasdruckregler) die Flaschengasanlage einschließlich Regler und Verbindungsleitung (s. Leitungsschema Abb. 1a).

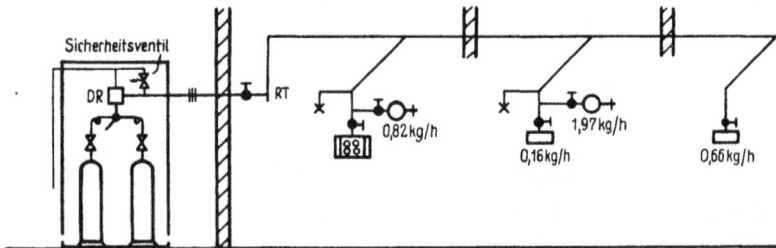

Abb. 1a.   Schema einer Anlage für Propan oder Butan.

Die Flaschengasanlage umfaßt:

     1 oder 2 Flaschen mit Absperrventilen,
     1 Dreiweghahn (bei 2 Flaschen),
     1 Druckregler
     1 Sicherheitsauslaß   } mit Abblaseleitung[1]).

Rohrweiten.

Ziffer 4   Für Anlagen, die voraussichtlich später mit Stadtgas beliefert werden,
Tafel 1 sind die Leitungsweiten von vornherein für Stadtgas nach Ziffer 4 und
u. 2 Tafel 1 und 2 zu bestimmen.

Hähne.

Ziffer 5 erhält folgenden Zusatz:

5,5: Durchgangshähne für Propan- oder Butananlagen sollen den Ziffern 5,1 und 5,2 entsprechen. Statt ihrer können auch Membranventile u. ä. verwendet werden.

---

[1]) Vgl. »Richtlinien für die Sicherheit bei der Verwendung von Propan und Butan in privaten Haushaltungen« des RWM, Ziffer 3 und 4.

(Zuleitung), *Ziffer 7*
(Gefälle), *Ziffer 8*
(Absperrvorrichtung im Erdreich), *Ziffer 9*
(Hauseinführung) *Ziffer 10*
finden auf Anlagen für Propan oder Butan keine Anwendung.

Hauptabsperrvorrichtung.

An Stelle der Hauptabsperrvorrichtung in der Zuleitung• tritt bei *Ziffer 11,1* Propan oder Butan der Absperrhahn, der an einer leicht zugänglichen Stelle innerhalb des Gebäudes liegen soll[1]).

Verwahrung der Zuleitung

findet auf Anlagen für Propan oder Butan keine Anwendung. *Ziffer 12*

Behandlung und Zusammenbau.

Bei Leitungen für Propan oder Butan ist die Verwendung dem Leinöl *Ziffer 14,8* gleichwertiger giftfreier Stoffe mit Zusatz von Graphit zu empfehlen.

Zerlegbarkeit.

Bei Leitungen für Propan oder Butan ist auf die Dichtung der Lang- *Ziffer 16* gewinde besondere Sorgfalt zu verwenden.

Leitungen für Propan oder Butan dürfen nicht durch Kellerräume *Ziffer 17* geführt werden[2]).

II. Anschluß und Aufstellung häuslicher Gas-Geräte und -Feuerstätten.

Kocher, Bratöfen und Herde.

Die Aufstellung von Kochern und Bratöfen für Propan oder Butan *Ziffer 13,2* auf Kohlenherden ist verboten[3]).

Wasch- und Bügelgeräte.

An Stelle des Anschlußwertes von 2,5 m³/h tritt bei Propan oder *Ziffer 33,1* Butan der Anschlußwert von 0,82 kg/h.

Einstellung der Gas-Geräte und -Feuerstätten.

Gasdurchgang findet auf Propan- und Butananlagen keine Anwendung. *Ziffer 43*

III. Abgasabführung häuslicher Gasfeuerstätten.

Wasch- und Bügelgeräte.

An Stelle des Anschlußwertes von 2,5 m³/h tritt, wie bei Ziffer 33,1, *Ziffer 48,3* bei Propan oder Butan der Anschlußwert von 0,82 kg/h.

Abgasleitungen.

Tafel 5 findet auf Propan- und Butananlagen keine Anwendung. *Ziffer 56*

---

[1]) Vgl. »Richtlinien« Ziffer 5,2.
[2]) Vgl. »Richtlinien« Ziffer 2,4.
[3]) Vgl. »Richtlinien« Ziffer 6,3.

Anhang

Normblätter, soweit sie für die

a) geordnet nach den Ziffern der TVR:

Ziffer:		DIN bzw. DIN-DVGW:
2,3	Nahtlose Präzisions-Stahlrohre (kalt gezogen)	2385
2,4	Kupferrohr für Installation	1786
5,1	Durchgangshähne	3525 U
»	»	3526 U
»	»	3527 U
6,1	Trockene Druckregler	3236
9	Hinweisschilder	4069
16,4	Rohrverschraubungen	3526 U
»	»	3528 U
19,1	Gasmesserhähne	3525 U
20,1	Gasmesser . `	3246
»	»	3235
27,1	Anschlußhähne	3526 U
»	»	3527 U
28,1	Gasschläuche	3241
28,5	»	3241
28,2	Schlauchhähne	3253
»	Schlauchtüllen	3254
32,1	Bauvorschriften Kocher, Herde	3229
»	Prüfvorschriften Kocher	3230
»	Prüfvorschriften Bratöfen	3233
39,1	Prüfvorschriften Gas-Wasserheizer	3231
40,1	Prüfvorschriften Heizöfen	3232

1.

DVGW—TVR Gas 1938 in Betracht kommen.

b) geordnet nach den Nummern der DIN-Blätter:

Anhang 2.

Hinweise auf behördliche u. ä. Vorschriften.

Ziffer 10,1 Der Auswahl dieser Räume sollen möglichst die

»Richtlinien für die Ausführung von Hausanschlußleitungen und Hausanschlußkellern«,

herausgegeben vom VDI, Fachstelle: Haustechnik (September 1935), erschienen im Beuth-Verlag G. m. b. H., Berlin SW 19, zugrundegelegt werden. Diese Richtlinien bringen u. a. auch die Mindestmaße des Anschlußkellers.

Ziffer 21,2 Zur Zeit sind vom Deutschen Azetylen-Ausschuß als Sicherheitsvorrichtungen nur Wasservorlagen zugelassen.

Ziffer 35,6 Über die Verhinderung des Rücktritts von Wasser und des Eindringens anderer Stoffe in die Reinwasserleitung vgl. DVGW-TVR Wasser 1936 Ziffer 24.

Ziffer 37 In Preußen gilt für die Belüftung von Baderäumen zur Zeit noch die Verordnung des Preußischen Finanzministers/Hochbauabteilung vom 24. 2. 1934:

In kleinen Räumen mit Warmwasserbereitern ist nicht nur für Abführung der Verbrennungsgase, sondern auch für die Abführung verbrauchter und die Zuführung frischer Luft zu sorgen.

In Räumen mit einem Luftinhalt von 20 m³ und darüber genügt die natürliche Be- und Entlüftung des Raumes (durch Türen und Fenster), sofern Warmwasserbereiter mit einer Nennleistung bis zu 300 kcal/min verwendet werden. Werden größere Warmwasserbereiter aufgestellt, so genügt ebenfalls die natürliche Be- und Entlüftung, wenn der Luftinhalt des Raumes mindestens das 3fache des stündlichen Gasverbrauches beträgt.

In Räumen mit weniger als 20 m³ bis zu 12 m³ Inhalt dürfen Warmwasserbereiter aufgestellt werden, wenn Be- und Entlüftungsöffnungen von mindestens je 100 cm² freiem Querschnitt unten an der Tür oder an sonst geeigneter Stelle in der Nähe des Fußbodens und nahe der Zimmerdecke hergestellt werden. Beide Öffnungen müssen nach demselben Außenraum führen.

In Räumen mit weniger als 12 m³ bis zu 10 m³ Inhalt dürfen Warmwasserbereiter nur bis zu einer Nennleistung von 300 kcal/min aufgestellt werden, vorausgesetzt, daß eine Badewanne von höchstens 120 l Gesamtfassungsvermögen verwandt wird und die vorgenannten Be- und Entlüftungsöffnungen vorhanden sind.

In Räumen mit weniger als 10 m³ Luftinhalt (kleine Badezimmer, Duschräume u. dgl.) dürfen Warmwasserbereiter nicht aufgestellt werden. Ihre Aufstellung hat in einem Nebenraum (Küche, Flur, od. dgl.) zu erfolgen.

Der DVGW empfiehlt die nachstehenden Bestimmungen:

1. Bei Baderäumen unter 8 m³ Rauminhalt sind Gas-Wasserheizer in einem Nebenraum (Küche, Flur) aufzustellen.
2. In Räumen mit einem Rauminhalt von 8 m³ bis zu 12 m³ dürfen Gas-Wasserheizer nur mit einer Nennbelastung bis zu 390 kcal/min (Nennleistung bis zu 320 kcal/min) aufgestellt werden. Zur ausreichenden Be- und Entlüftung sind unten in der Tür oder an sonst geeigneter Stelle in der Nähe des Fußbodens und ferner nahe der Zimmerdecke Lüftungsöffnungen von je etwa 100 cm² herzustellen, die beide nach dem gleichen Raum führen müssen.
3. Bei einem Rauminhalt von 12 m³ bis zu 15 m³ bestehen keine Beschränkungen hinsichtlich der Größe der Gas-Wasserheizer. Die Räume müssen die gleichen Lüftungsöffnungen wie unter 2. erhalten.
4. Beträgt der Rauminhalt mehr als 15 m³ und dabei mehr als das 2½ fache des Anschlußwertes, so brauchen Be- und Entlüftungsöffnungen nicht angebracht zu werden.

Die Mitwirkung des Bezirksschornsteinfegermeisters bei der Auswahl *Ziffer 52,2* von Schornsteinen ist durch die »Richtlinien für die Zusammenarbeit von Gaswerken und Schornsteinfegern auf dem Gebiete der Abführung der Abgase von Gasfeuerstätten« vom 23./25. 1. 1933 (vgl. GWF 1933 Seite 71 und »Organ für Schornsteinfegerwesen« Nr. 3 vom 1. 2. 1933) geregelt (s. auch Anhang 4).

In Preußen gelten nach dem Erlaß des Preußischen Finanzministers/ *Ziffer 55,2* Hochbauabteilung vom 30. 8. 1934 (V. 18. 2130. 17) »Baupolizeiliche Bestimmungen über Feuerschutz« Baustoffe als nicht brennbar, die bei atmosphärischer Luft infolge ihrer natürlichen Eigenschaften nicht zur Entzündung gebracht werden können.

Für Preußen gelten nach dem Erlaß des Preußischen Finanzministers/ *Ziffer 60,1* Hochbauabteilung vom 6. 9. 1934 (V. 196 300/21) für die Prüfung der Baustoffe die »Technische Bestimmungen für die Zulassung neuer Bauweisen« in der jeweils letzten Form. Sie besagen z. B. für die Prüfung der Widerstandsfähigkeit gegen Feuer und Wärme:

Zur Prüfung von Formstücken auf Widerstandsfähigkeit gegen heiße Gase ist ein etwa 2 m langer, aufrecht stehender Kanal, in dem mindestens 3 Stöße der Formstücke liegen, ½ Stunde lang (einschließlich Anheizen) der Einwirkung heißer Gase auszusetzen. Hierbei muß mindestens ¼ Stunde lang eine Temperatur von etwa 400° herrschen. Während des Versuchs darf die Außenwand nicht wärmer als 130° werden.

Vgl. oben zu Ziffer 52,2. *Ziffer 69,2*

Anhang 3.

Auszug aus den

Unfallverhütungs-Vorschriften

der Berufsgenossenschaft der Gas- und Wasserwerke.

Gültig ab 1. April 1934.

§ 40. (1) Gasleitungen dürfen nicht mit offenen Flammen abgeleuchtet werden. Zur Probe auf Dichtigkeit ist Seifenwasser zu benutzen. Rauchen ist dabei verboten.

§ 553. (1) Vor Beginn von Arbeiten an Verteilungsleitungen im Innern von Gebäuden ist die Abschlußvorrichtung zu schließen.
(2) Soweit die Ausführung der Arbeiten es gestattet, sind die Leitungen durch geeignete Verschlußstücke (Rohrkappen, Gewindepflöcke, Stöpsel o. dgl.) gasdicht zu verschließen.

§ 554. Müssen die Arbeiten ausnahmsweise unter Gasdruck vorgenommen werden, weil die Gaszufuhr nicht abgestellt werden kann, sind sie unter Zuziehung einer zweiten Person auszuführen. Fenster und Türen sind zu öffnen, die Verwendung von Feuer und offenem Licht ist verboten. Bei Dunkelheit sind Sicherheitslampen zu benutzen.

§ 556. Wenn in geschlossenen Räumen Gasgeruch bemerkt wird oder Verdacht auf Gasausströmung besteht, z. B. wenn der Gasmesser Gasverlust anzeigt, sind sie zunächst durch Öffnen der Türen und Fenster, namentlich der oberen Fensterflügel, vollkommen zu lüften. Erst dann darf nach undichten Stellen gesucht werden. Dies hat durch Abriechen oder Bestreichen mit Seifenwasser oder durch Anwendung von Gassuchapparaten zu geschehen. Das Ableuchten mit offenen Flammen ist verboten, ebenso das Anzünden von Zündmitteln und das Ein- und Ausschalten von elektrischen Lampen (Funkenbildung). Zur Beleuchtung sind Sicherheitslampen zu verwenden. Zu den Arbeiten ist erforderlichenfalls eine zweite Person zuzuziehen.

§ 557. Werden die undichten Stellen nicht gefunden oder können sie nicht sofort beseitigt werden, ist der Haupthahn abzusperren und der nächste Vorgesetzte zu benachrichtigen.

§ 558. (1) Die Füll- und Ablaßschrauben der Gasmesser sind gasdicht einzuschrauben.
(2) Die Anschlußstutzen an ausgebauten Gasmessern sind gasdicht abzuschließen.

§ 559. Bei Arbeiten an Straßenanschlußleitungen haben die auf der Straße und in den Innenräumen beschäftigten Arbeiter sich beim Abstellen und kurz vor dem Wiedereinlassen des Gases rechtzeitig zu verständigen und darauf zu achten, daß Gas nicht durch unverschlossene Leitungen, Lampen oder Apparate entweichen kann.

Anhang 4.

Auszug aus den

Richtlinien

für die Zusammenarbeit von Gaswerken und Schornsteinfegern auf dem Gebiete der Abführung der Abgase von Gas-Feuerstätten.

(GWF 1933, S. 71.)

§ 2.

Die beiden Organisationen stimmen darin überein, daß bei allen Neubauten grundsätzlich genügend Schornsteine vorgesehen werden sollten, die es ermöglichen, in jedem Falle für die Abführung der Abgase von Gasfeuerstätten (Heiz- und Badeöfen, Stromautomaten) besondere Schornsteine zu verwenden. Diese Schornsteine (Gasschornsteine), die nur für Gasfeuerstätten dienen, sind an beiden Ausmündungen entsprechend zu kennzeichnen, ohne daß dadurch die Prüfung des Schornsteins auf freien Querschnitt behindert wird. Auch diese Schornsteine müssen mit Reinigungstüren versehen sein. Die Art der Prüfung auf einwandfreie Betriebsfähigkeit bleibt örtlicher Vereinbarung vorbehalten.

Solche Gasschornsteine sind mindestens zweimal jährlich von dem Bezirksschornsteinfegermeister auf freien Querschnitt zu prüfen, ebenso die Einmündung der mit Reinigungsöffnungen versehenen, zu den Schornsteinen führenden Abgasrohre.

§ 3.

Bei bestehenden Gebäuden würde die Forderung, neue Schornsteine für Gasfeuerstätten zu errichten, zu erheblichen Härten führen. Es ist deshalb zunächst zu versuchen, ob nicht durch Umlegen der Rauchrohre von Kohlenfeuerstätten die Ableitung der Abgase von neu aufzustellenden Gasfeuerstätten in einen freien, nunmehr nur für Gasfeuerstätten dienenden Schornstein erreicht werden kann.

Eine geringe Mehrbelastung der Schornsteine für die Kohlenfeuerstätten durch diese letzteren kann hierbei geduldet werden, solange keine Mißstände oder Unzuträglichkeiten auf gesundheitlichem, feuerpolizeilichem oder heiztechnischem Gebiete auftreten. Können diese nicht anders beseitigt werden, so ist der alte Zustand wieder herzustellen. Die Art der Prüfung auf einwandfreie Betriebsfähigkeit bleibt örtlicher Vereinbarung vorbehalten. (Für diese Schornsteine und für die zu ihnen führenden Abgasrohre gelten nun die Bestimmungen des § 2.)

§ 4.

Wenn sich das Freimachen eines Schornsteines für Gasfeuerstätten als technisch oder wirtschaftlich unmöglich erweist, so dürfen nach Prüfung

der örtlichen Verhältnisse durch den Bezirksschornsteinfegermeister bzw.
durch die Baupolizei und nach gutachtlicher Anhörung des Gaswerks die
Abgase von Gasfeuerstätten auch in Schornsteine eingeleitet werden, in
die bereits die Rauchgase von Kohlenfeuerstätten eingeleitet sind, wobei
die Abstände zwischen 2 Einführungen mindestens etwa 2 m betragen
müssen, sofern dadurch nicht eine Benachteiligung der Wirkungsweise
der an diese Schornsteine angeschlossenen Kohlenfeuerstätten eintritt
oder die nach der Bauordnung zulässige Anzahl der angeschlossenen
Feuerstätten überschritten wird.

§ 5.

Der Deutsche Verein von Gas- und Wasserfachmännern wird die
Gaswerke, soweit sie selbst häusliche Gasfeuerstätten aufstellen, ersuchen,
den Bezirksschornsteinfegermeister rechtzeitig zur Auswahl des geeigneten
Schornsteins hinzuzuziehen. Das gleiche gilt, wenn die Einrichtung der
Anlagen durch Privatinstallateure erfolgt, in der Weise, daß die Gaswerke
diese verpflichten, ebenfalls vor Ausführung der Anlagen den Bezirksschornsteinfegermeister rechtzeitig zur Wahl eines geeigneten Schornsteins
hinzuzuziehen. Der Bezirksschornsteinfegermeister hat eine Bescheinigung
mit Skizze über die Eignung des Schornsteins auszustellen.

Bestehen besondere örtliche Abnahmevorschriften, so ist nach diesen
zu verfahren.

www.ingramcontent.com/pod-product-compliance
Lightning Source LLC
Chambersburg PA
CBHW031454180326
41458CB00002B/763